FLORE

DES

ENVIRONS DE PARIS,

OU

DISTRIBUTION MÉTHODIQUE

DES PLANTES

QUI Y CROISSENT NATURELLEMENT;

Exécutée d'après le systéme de LINNÆUS, avec l'indication du temps de la floraison de chaque plante, de la couleur de ses fleurs, & des lieux où l'on trouve les especes qui sont moins communes.

Par M. THUILLIER, Botaniste.

A PARIS;

Chez la Veuve DESAINT, Libraire, rue du Foin-Saint-Jacques, n° 16.

1790.

AVERTISSEMENT.

DEPUIS que le fyftême de LINNÆUS eft généralement adopté, le *Botanicon Parifienfe*, dans lequel Vaillant a donné le catalogue des plantes qui croiffent fans culture dans les environs de Paris, conformément *à la nomenclature de TOURNEFORT*, a beaucoup perdu de fon prix.

Si l'on excepte quelques defcriptions en françois que l'auteur a jointes à fa nomenclature, & qui ne fe trouvent que dans la grande édition de fon ouvrage, tout fe réduit à des phrafes latines, d'autant moins propres à guider les Botaniftes dans leurs recherches, qu'aux indications vagues & peu expreffives qu'elles préfentent, relativement au caractere des plantes, fe joint l'incohérence qui réfulte néceffairement de l'ordre alphabétique. D'ailleurs il manque dans cet ouvrage un certain nombre d'efpeces, ou qui ont échappé à l'œil de Vaillant, ou qui fe font naturalifées plus récemment dans les lieux qu'il a parcourus.

Le *Botanicon* publié depuis par Dalibard, a été exécuté à la vérité fur le plan de Linnæus ; mais outre l'inconvénient qu'a cet ouvrage, d'être écrit auffi en latin, il fe reffent de l'imperfection où fe trouvoit le fyftême du célebre Botanifte Suédois, à l'époque où a paru le travail de Dalibard.

J'avois fouvent entendu les Botaniftes demander un nouvel ouvrage du même genre, mais exact, complet & portatif. La plupart défiroient qu'il fût compofé en françois, pour être plus à la portée des commençans.

Je fentois l'utilité, ou plutôt la néceffité d'un pareil ouvrage. Je formai, il y a plufieurs années, le projet de l'entreprendre. Je ne me diffimulai point les difficultés ; mais j'efperai que les Botaniftes

s'intéresseroient à mon travail. J'ai eu la
satisfaction de voir que je ne m'étois point
trompé.

Je crus devoir commencer par rassem-
bler toutes les plantes dont je me propo-
sois de donner la description. Il n'y a pas
un seul endroit, jusques à plus de quinze
lieues à la ronde de Paris, que je n'aie soi-
gneusement visité dans de fréquentes her-
borisations. Ce ne fut qu'après avoir mis
en ordre toutes les plantes que j'avois re-
cueillies, que je commençai l'ouvrage que
je donne aujourd'hui au public.

Je ne pouvois suivre un meilleur guide
que Linnæus lui-même. Ce grand homme
exprime toujours de la maniere la plus
exact & la plus précise, tout ce qui peut
caractérifer les plantes. Son *Systema Ve-
getabilium* est un chef-d'œuvre en ce genre. J'ai puisé dans la derniere édition de
cet ouvrage, publiée par Murrai, la
plupart des descriptions que l'on trouvera
dans celui-ci. Mais je ne me suis point
borné à donner dans ces descriptions une

traduction exacte de Linnæus ; j'y ai ajouté divers développemens , & fur-tout les caracteres qui m'ont paru propres , par leurs contraftes , à faire reffortir les efpeces auxquelles ils appartiennent.

J'ai penfé que l'on feroit auffi bien aife de connoître les noms françois , fous lefquels on défigne le plus ordinairement les plantes , & fur-tout celles dont la médecine fait ufage.

On trouvera de plus l'indication du temps de la floraifon des plantes , celle de la couleur des fleurs , & celle des lieux où croiffent les plantes les moins communes. Je n'ai confulté que la nature pour donner ces indications , qui ont paru aux Botaniftes de la plus grande importance , & j'ofe me flatter que l'on peut compter fur leur exactitude.

Je n'ai point donné la defcription des Champignons. Cette famille de plantes pourroit feule former un ouvrage , & je me propofe de la traiter avec l'étendue convenable , dans un volume femblable à celui-ci, où je reprendrai toute la Cryptogamie. On fait combien cette partie de la Botanique s'eft enrichie par les découvertes modernes.

Les Botaniftes & les amateurs qui ont des herbiers, pourront vérifier dans cette *Flore des environs de Paris*, les efpeces qui leur manquent, & me les demander. Je poﬄéde toutes celles dont je donne la defcription, à l'exception d'environ une douzaine, que je n'ai point encore trouvées dans mes herborifations, comme j'ai eu foin d'en prévenir dans le corps de l'ouvrage.

Je fournis des herbiers complets préparés avec foin, ou feulement les efpeces dont on peut avoir befoin. Je nomme auﬄi, & je claﬄe toutes les plantes, tant exotiques qu'indigènes.

Les perfonnes qui défireront faire des herborifations en pleine campagne, ou apprendre les élémens de la Botanique, pourront également s'adreﬄer à moi. Je m'empreﬄerai toujours de leur faciliter l'étude d'une ſcience que je chéris, & à laquelle je me ſuis voué, heureux ſi par mes obſervations & mes travaux, je puis contribuer en quelque choſe à ſes progrès.

THUILLIER, Botaniſte, *rue de* Biévre, *près la rue* Saint-Victor.

PREMIERE

PREMIERE CLASSE.

MONANDRIE.

Une étamine.

MONOGYNIE.

Un seul style.

1 HIPPURIS. Calice & pétales nuls; ſtigmate ſimple; une ſemence.

—1. VULGARIS. *Peſſe d'eau.* Verticilles compoſés de 8 feuilles ſubulées. Se trouve le long des bords de la Seine, & en particulier au-delà du pont de Neuilly, au bas des Bons-Hommes, proche Javelle, &c. Se trouve auſſi le long de la riviere de Crône, & dans l'étang de la vieille machine, à Brunois. Fleurit en Juin & Juillet; fleurs d'un blanc ſale, & peu apparentes.

DIGYNIE.
Deux ſtyles.

2 CALLITRICHE. Calice nul; deux pétales; capſule à 2 loges; 4 ſemences.

A

—1 VERNA. *Etoile d'eau.* Feuilles fupérieures ovales ; fleurs unifexuelles. Fleurit en Mars & Avril ; fleurs jaunâtres & peu apparentes.

Var. differe de la précédente en ce que fon fruit eft tétragone. Fleurs *idem.*

—2. AUTUMNALIS. Toutes les feuilles linéaires à fommet bifide ; fleurs biffexuelles. Fleurit en Août & Septembre ; fleurs *idem.*

3 BLITUM. Calice de 3 pieces ; pétales nuls ; une femence ; fruit femblable à une Baie.

—1 CAPITATUM. *Arroche fraife.* Petite tête de fleurs en épi terminal. Se trouve à la Gare & dans le Parc de Saint-Cloud, porte de Ville-d'Avrai. Fleurit en Mai ; fleurs d'un blanc fale & peu apparentes.

—2. VIRGATUM. Plufieurs petites têtes de fleurs éparfes & latérales. Se trouve à la Gare, Parc de Vincenne, & à Ruel, dans les endroits cultivés. Fleurit en Juin, & de nouveau en Août & Septembre.

SECONDE CLASSE.
DIANDRIE.
Deux étamines.

MONOGYNIE.
Un seul style.

4. LIGUSTRUM. Corolle à quatre divisions; baie à quatre semences.

—1 VULGARE. *Troéne.* Feuilles lancéolées, aiguës; grappes de fleurs ayant leurs pédicules opposés. Fleurit en Juin; fleurs blanches.

5 SYRINGA. Corolle à quatre divisions; capsule à deux loges.

—1 VULGARIS. *Lilas.* Feuilles ovales, échancrées en cœur à leur base. Fleurit en Mai; fleurs violetes.

Var. Le même, à fleurs blanches.

6 CIRCÆA. Corolle à deux pétales; calice supérieur, de deux feuilles; une semence à deux loges.

—1 LUTETIANA. *Circée.* Tige droite; plusieurs grappes de fleurs; feuilles ovales, légérement dentelées & opaques. Fleurit tout l'été; fleurs blanches : (dans les bois).

7 VERONICA. Corolle à quatre divifions, dont l'inférieure eft plus étroite ; capfule à deux loges.

Fleurs en épi.

—1 SPURIA, *Veronique.* Epis de fleurs terminaux; feuilles ternées, également dentées en fcie. Se trouve fur les bords des chemins & des foffés, à Franchard. Fleurit en Juin ; fleurs bleues.

—2 SPICATA. Epi de fleurs terminal; feuilles oppofées, obtufes; tige droite & très-fimple. Se trouve à Saint-Germain, bois de Chatou & à Fontainebleau. Fleurit en Juin; fleurs bleues.

— SPICATA MINOR. Se trouve au bois de Boulogne. Fleurit en Août & Septembre.

—3 OFFICINALIS. *Thé d'Europe.* Epis latéraux & pédunculés ; feuilles oppofées; tige couchée. Fleurit tout l'été ; fa fleur varie du bleu au blanc.

Fleurs en grappes, imitant un corymbe.

—4 SERPYLLIFOLIA. Grappes de fleurs terminales un peu en épi ; feuilles ovales, glabres, crénelées. Fleurit tout l'été ; fa fleur varie du bleu au blanc.

Var. — *nummularifolia.* Fleurs *idem.*

—5 BECCABUNGA. *Beccabunga.* Grappes de fleurs latérales ; feuilles ovales, planes ; tige rampante. Fleurit tout l'été ; fleurs bleues.

—6 ANAGALLIS. *Petit Beccabunga.* Grappes de fleurs latérales ; feuilles lanceolées & dentées en fcie ; tige droite. Fleurit tout l'été ; fa fleur varie du bleu au blanc.

—7 SCUTELLATA. Grappes de fleurs latérales alternes & lâches ; pédicules pendants ; feuilles linéaires & très-entieres. Se trouve prefque dans tous les étangs & toutes les mares. Fleurit tout l'été ; fleurs blanches.

—8 TEUCRIUM. Grappes de fleurs latérales, très-longues ; feuilles ovales, ridées, dentées, un peu obtufes ; tiges penchées. Fleurit en Mai ; fleurs du bleu au blanc. Variété.

—9 CHAMÆDRYS. Grappes de fleurs latérales ; feuilles ovales, feffiles, ridées & dentées ; deux rangs de poils oppofés, le long de la tige. Fleurit en Mai ; fleurs du bleu au blanc. Var.

Péduncules chargés d'une feule fleur.

—10 AGRESTIS. Fleurs folitaires ; feuilles en cœur incifées, plus courtes que le péduncule ; feuilles calicinales ovales, toutes égales entr'elles. Fleurit dès le commencement du printemps, & continue tout l'été ; fleurs bleues.

—11 ARVENSIS. Fleurs folitaires ; feuilles en cœur, incifées, plus longues que le péduncule; feuilles calicinales lanceolées, inégales. Fleurit en Avril & Mai; fleurs bleues.

—12 HEDERÆFOLIA. Fleurs folitaires; feuilles en cœur, planes, à cinq lobes. Fleurit en Mars, Avril & Mai; fleurs du bleu au blanc.

—13 TRIPHYLLOS. Fleurs folitaires; feuilles digitées; péduncule plus long que le calice. Fleurit en Mars & Avril; fleurs bleues.

—14 ACINIFOLIA. Fleurs folitaires, pédunculées; feuilles ovales, glabres, crénelées; tige droite & un peu velue. Se trouve fur les berges & les bords des foffés. Fleurit en Avril & Mai; fleurs bleues.

—15 OCYMIFOLIA. (Vailliant) feuilles rouges en deffous. Se trouve fur les bords des foffés & des murailles. Fleurit en Mai; fleurs bleues.

---

8 GRATIOLA. Corolle irréguliere renverfée; deux étamines ftériles; capfules à deux loges; calice à fept feuilles.

—1 OFFICINALIS. *Gratiole* ou *Herbe à pauvre homme.* Feuilles lancéolées, dentées en fcie; fleurs pédunculées. Se trouve près de Gentilly, de Linas, & étang de Ville-d'Avrai. Fleurit en Juin; fleurs jaunâtres.

---

9 PINGUICULA. Corolle labiée, garnie

d'un éperon ; à deux levres & à cinq divisions ; capsule à une seule loge.

—— 1 Vulgaris. *Graffete.* Eperon cylindrique, aussi long que la corolle. Se trouve dans les prés , à Bievre & à Montmorency. Fleurit en Mai ; fleurs bleues.

10 UTRICULARIA. Corolle labiée, garnie d'un éperon ; calice à deux feuilles, égal en son bord ; capsule à une seule loge.

—1 Vulgaris. Eperon de la fleur en forme de cône ; hampe peu garnie de fleurs. Se trouve dans presque tous les étangs & mares. Fleurit en Juin, Juillet & Août, fleurs jaunes.

—2 Minor. Eperon de la fleur, court & un peu en nacelle. Se trouve dans les lacunes de la forêt de Bondy. Fleurit en Juin ; fleurs *idem.*

11 VERBENA. Corolle en entonnoir courbe & presque égale en son bord ; une des dents du calice tronquée ; semences nues.

—1 Officinalis. *Verveine.* Fleurs à quatre étamines ; épis déliés & en panicule ; feuilles à découpures nombreuses ; tige solitaire. Fleurit en Juin & Juillet ; fleurs bleues.

12 LYCOPUS. Corolle à quatre divisions , dont une échancrée ; étamines écartées ; quatre semences échancrées à leur sommet.

—1 EUROPÆUS. *Marrube aquatique.* Feuilles dont la denture forme des sinuosités. Fleurit en Juillet & Août; fleurs blanches.

————

13 SALVIA. Corolle inégale; filets des étamines fourchus & attachés transversalement à un pédicule particulier.

—1 PRATENSIS. *Sauge* ou *Sclarée des prés.* Feuilles en cœur, allongées, crénelées, & dont les supérieures font amplexicaules; verticilles des fleurs peu garnis; casque de la corolle visqueux. Fleurit tout l'été; fleurs bleues.

Var. La même à fleurs blanches.

—2 VERBENACA. Feuilles grossierement crénelées & un peu lisses; corolle plus étroite que le calice. Cette plante n'est pas commune; je l'ai trouvée plusieurs fois dans les environs d'Auteuil. Fleurit en Juin & Juillet; fleurs bleues.

—3 SCLAREA. *Orvale* ou *Toute-bonne.* Feuilles ridées, en cœur, oblongues, velues, dentées en scie; bractées colorées, concaves, terminées en pointes aiguës plus longues que le calice. Fleurit en Mai & en Juin; fleurs bleues & blanches.

DIGYNIE.

Deux ſtyles.

14 ANTHOXANTHUM. Bâle du calice deux valves uniflores ; bâle de la corolle à deux valves , & terminée en pointe aiguë; une ſeule ſemence.

—1 ODORATUM. *Flouve des Breſſants.* Epi oblong , ovale ; fleurs légérement pédunculées & plus longues que les barbes. Fleurit tout l'été.

TROISIEME CLASSE.

TRIANDRIE.

Trois étamines.

MONOGYNIE.

Un ſeul ſtyle.

15 VALERIANA. Calice nul ; corolle monopétale, ſupérieure au germe , renflée à ſa baſe ; une ſeule ſemence.

—1 RUBRA. *Valeriane des Jardins.* Fleurs à une ſeule étamine , terminées en forme de queue ; feuilles lancéolées très-entieres. Fleurit tout l'été ; fleurs rouges.

Var. — *Flore albo*. Fleurs blanches.

—2 DIOICA. *Valeriane des marais* ; trois étamines ; feuilles ailées, excepté les radicales qui font fimples. Cette plante eft commune dans les marais. Fleurit en Juin ; fleurs blanches.

—3 OFFICINALIS. *Valeriane des boutiques*, trois étamines ; toutes les feuilles ailées. Fleurit en Mai & Juin ; fleurs blanches.

—4 LOCUSTA. *Mâche* ou *Doucete*. Trois étamines ; tige fourchue ; feuilles linéaires. Fleurit tous l'été ; fleurs d'un blanc fale.

Var. A. — *Olitoria*. Fruit fimple. Fleurit en Mai.

Var. B. — *Veficaria* Calices renflés à fix dents courbes ; collerette à cinq feuilles, renfermant trois fleurs. Cette plante eft très-commune dans les moiffons, à Saint-Hubert. Fleurit en Juillet. On peut regarder cette variété comme efpece.

Var. C. — *Coronata*. Fruit à fix dents. Fleurit en Mai.

Var. D. — *Dentata*. Fruit à trois dents. Fleurit en Mai.

Var. E. — *Difcoidea*. Fruit en forme de foucoupe, à douze dents, dont les pointes font courbées en arriere. Fleurit en Mai.

16 POLYCNEMUM. Calice à trois feuilles ; cinq pétales , dont trois femblables à des feuilles calicinales ; une femence prefque nue.

— ARVENSE. *La Camphrée fauvage.* Feuilles linéaires. Se trouve dans les plaines du Point du jour , de Champigny, & du Château *Frayé :* ce Château eft entre Villeneuve Saint-George & les Bergeries. Fleurit en Juin & Juillet.

17 IRIS. Corolle inégale à fix pétales , dont trois pris alternativement , s'ouvrent en faifant un coude ; ftigmates élargis en forme de pétales , & comme labiés.

—1 GERMANICA. Trois pétales barbus ; feuilles en forme de glaive , glabres , courbées en fer de faux , plus courtes que la hampe qui eft garnie de plufieurs fleurs. Fleurit en Mai ; fleurs bleues.

—2 PSEUDO-ACORUS. *Le faux ∠ corus.* Aucuns pétales barbus ; feuilles en forme de glaive ; trois des pétales pris alternativement, plus courts que le ftigmate. Fleurit en Juin ; fleurs jaunes.

—3 FŒTIDA. *Glayeul puant.* Aucuns pétales barbus ; feuilles en forme de glaive ; tige anguleufe d'un feul côté ; pétales intérieurs très-ouverts. Se trouve dans prefque toutes les forêts. Fleurit en Juin ; fleurs bleuatres.

A 6

18 SCHÆNUS. Bâles compofées de paillettes univalves en peloton ; corolle nulle ; une
femence un peu arrondie entre les valves.

—1 MARISCUS. Tige cylindrique ; feuilles
garnies d'aiguillons fur leur dos & en leur bord.
Se trouve dans les étangs *Coquenard* & de *Saint-
Gratien*. Fleurit en Juin.

—2 NIGRICANS. Tige nue & cylindrique ;
épi ovale ; corollé à deux valves, dont l'une
s'allonge en forme d'alène. Se trouve à la
queue de l'étang de *Saint-Gratien*. Fleurit en
Juin.

—3 ALBUS. Tige un peu triangulaire , garnie
de feuilles déliées comme une foie ; fleurs fafciculées. Se trouve à Saint-Léger dans les marais des *Planets*. Fleurit en Juillet.

—4 COMPRESSUS. Tige nue & un peu triangulaire ; épillets placés fur deux rangs oppofés ;
collerette d'une feule feuille. Fleurit en Mai.

19 CYPERUS. Corollé nulle , paillettes de la
bâle imbriquées fur deux rangs oppofés ; une femence nue.

—1 LONGUS. *Souchet odorant.* Tiges feuillées & triangulaires ; péduncules des épillets
nus , alternes , difpofés en ombelle irréguliere, & garnie d'une collerette. Se trouve dans

les prairies de Gentilly. Fleurit en Août &
Septembre.

—2 FLAVESCENS. Tige nue & triangulaire ;
collerette compofée de trois feuilles ; péduncules fimples, inégaux, portant des épillets ramaffés & lancéolés ; épillets jaunâtres. Se trouve
dans les marais des buttes de Seve, & à Montmorency. Fleurit en Juillet.

—3 FUSCUS. Tige nue & triangulaire ; collerette compofée de trois feuilles, péduncules
inégaux ; épillets ramaffés & linéaires ; d'un brun
noirâtre. Se trouve dans prefque tous les marais
des bois. Fleurit en Juillet.

———

20 SCIRPUS. Corolle nulle ; paillettes de la
bâle imbriquées de toutes parts ; une femence
nue.

———

Un feul épi.

—1 PALUSTRIS. Tige nue & cylindrique ;
épi terminal un peu ovale. Fleurit tout l'été.

Var. Plus grande que la précédente, & a
l'épi femblable à celui des *Equifetum.*

—2 CESPITOSUS. Tige nue & ftriée ; épi terminal à deux valves, auffi long que le calice ;
racines féparées par une petite écaille. Se trouve
à Saint-Léger dans les marais *des Planets.* Fleurit en Juin & Juillet.

—3 ACICULARIS. Tige nue, cylindrique &

déliée comme une foie ; épi ovale à deux valves; femences nues. Se trouve autour des étangs de Ville-d'Avrai & de Chaville. Fleurit en Juin & Juillet.

—4 FLUITANS. Tige flafque, pouffant des paquets de feuilles difpofées alternativement, d'où fortent des rameaux nus & cylindriques. Se trouve à Saint-Léger & dans prefque toutes les mâres de la forêt de Fontainebleau. Fleurit en Juin.

Plufieurs épis ; tige cylindrique.

—5 LACUSTRIS. Tige nue ; épis ovales, pédunculés & terminaux. Fleurit en Juin.

—6 SETACEUS. Tige nue, déliée comme une foie; épillets feffiles & terminaux. (M. de la Mark dit que ces épillets font toujours à une certaine diftance au-deffous du fommet. Flor. Fr., tom. 3, pag. 55). Se trouve dans prefque tous les marais voifins des bois. Fleurit en Juin.

—7 SUPINUS. Tige nue & cylindrique ;épillets feffiles ramaffés en peloton au milieu de la tige. Se trouve près de Chally, dans les mares du *Chêne pendu*, anciennement *Buvette royale*. Se trouve auffi à Montfort-l'Amaury. Fleurit en Juin.

Panicule feuillée ; tige triangulaire.

— 8 MARITIMUS. Panicule ramaffée en tête ; écailles des épillets garnies de trois barbes, dont celle du milieu s'allonge en alène. Fleurit en Juin.

Il y a quatre variétés de cette plante.

—9 SYLVATICUS. Tige en ombelle, feuillée ; épillets ramaffés par peloton ; péduncules nus & plufieurs fois ramifiés. Cette plante eft très-commune à Meudon, à Montmorency, & à Bievre. Fleurit en Juin.

21 ERIOPHORUM. Corolle nulle ; paillettes de la bâle imbriquées de tous côtés ; une feule femence entourée de longs filamens femblables à de la laine.

—1 VAGINATUM. *Lin des marais.* Tige cylindrique, engaînée par les feuilles ; épi fcarieux. Se trouve à Saint-Léger dans les marais des Planets, & à Fontainebleau. On la trouve auffi en grande quantité dans une mare à deux portées de fufil de la grille du Rincy.

—2 POLYSTACHION. Nom *idem.* Tige cylindrique ; feuilles planes, épillets pédunculés. Se trouve dans tous les marais voifins des bois. Fleurit en Mai.

Il y a deux variétés de cette plante.

22 NARDUS. Corolle à deux valves ; calice nul.

— 1. STRICTA. Epi éfilé, droit, compofé de fleurs toutes tournées du même côté. Se trouve à Verfailles, à Palaifeaux, à Senlis & à Compiegne. Fleurit en Juin.

DYGYNIE.

Deux ftyles.

23 PHALARIS. Calice à deux valves relévées en carêne, égales entr'elles & renfermant là corolle.

— 1 PHLEOIDIS. Panicule cylindrique en forme d'épi, glabre & parfémée de bâles proliféres. Il reffemble au *Phleum pratenfe* ; mais fes bâles portées fur des péduncules lâches & rameux, que l'on apperçoit en gliffant l'épi entre fes doigts, le diftinguent fuffifamment de ce *Phleum.* Fleurit en Mai.

— 2 UTRICULATA. Panicule en forme d'épi ; bâles portant une barbe articulée ; la feuille fupérieure de la tige renflée en forme de fpathe. Se trouve à Meudon. Fleurit en Juin.

— 3 ARUNDINACEA. Panicule oblongue, ample, ventrue. Se trouve dans tous les foffés humides. Fleurit en Juin.

Var. — *Picta. Chiendent ruban.* Se trouve dans les bleds & les avoines de Saint-Hubert & ailleurs. Fleurit en Juin.

—4 ORYZOIDES. Panicule diffuse ; bâles bordées de cils sur leurs dos. Se trouve à Brunois dans l'étang de la vieille machine. Fleurit en Août & Septembre.

---

24 PANICUM. Calice à trois valves, dont une est très-petite.

—1 VERTICILLATUM. Epi verticillé, composé d'épillets disposés quatre par quatre ; deux filets sétacés derriere chaque fleur. Fleurit en Juillet & Août.

—2 VIRIDE. Epi cylindrique ; des faisceaux de poils autour de chaque paire de fleurs ; semences marquées de nervures. Fleurit en Juillet & Août.

—3 CRUS GALLI. Epis alternes, disposés par paire ; épillets un peu écartés ; bâles hérissées de barbes ; pédicules communs des épillets ayant cinq angles saillans. Fleurit en Juillet & Août.

Il y a une variété qui est distinguée par ses épis divisés & garnis de très-longues barbes. Fleurit *idem.*

—4 SANGUINALE. Epis écartés en forme de doigts ; fleurs la plupart disposées deux à deux ; gaînes des feuilles ponctuées. Fleurit *idem.*

—5 DACTYLON. *Pied de poule* ou *Chiendent*

ordinaire. Epis écartés en forme de doigts, velus intérieurement à leur bâfe ; fleurs folitaires ; racines à rejets rampants. Fleurit tout
l'été.

—6 MILIACEUM. *Millet.* Panicule lâche &
flafque, gaîne des feuilles hériffée ; tige rameufe ; bâles marquées de nervures & garnies d'aiguillons. Fleurit en Juillet.

Var. — *nigrum.* Millet noir. Fleurit en
Juillet.

———————

25 PHLEUM. Calice à deux valves, feffile,
linéaire, tronqué à fon fommet, qui forme à l'extérieur deux faillies en pointe aiguë ; corolle
renfermée dans le calice.

—1 PRATENSE. *Thymothy des Anglois.* Tige
droite ; épi cylindrique très-long & garni de
cils. Fleurit tout l'été.

—2 ALPINUM. Epi en ovale alongé, d'une
couleur noirâtre. Se trouve fur les bords des
chemins & foffés à Sataury. Fleurit en Juin.

—3 NODOSUM. Tige cylindrique, articulée,
droite dans fa partie fupérieure ; racine bulbeu-
fe ; feuilles obliques ; épi glabre ; anthères blanches. Fleurit en Juin.

———————

26 ALOPECURUS. Calice à deux valves qui
en renferment entre elles une troifieme, tenant
lieu de corolle.

—1 PRATENSIS. Tige droite; fleurs en épi; bâles vêlues; corolle dénuée de barbes. Fleurit en Juin.

—2 AGRESTIS. Tige droite; fleurs en épi; bâles liſſes. Fleurit tout l'été.

—3 GENICULATUS. Tige formant un ou pluſieurs coudes; fleurs en épi; corolle dénuée de barbes. Fleurit tout l'été. On la trouve dans preſque tous les foſſés & dans les mares.

---

27 MILIUM. Calice à deux valves preſque égales, renfermant une feule fleur; corolle très-courte; ſtigmate en forme de pinceau.

—1 LENDIGERUM. Panicule un peu en forme d'épi, fleurs barbues. Fleurit en Mai. Ce gramen eſt fort rare, & je ne l'ai encore rencontré qu'une fois.

—2 EFFUSUM. Fleurs fans barbes, difpoſées en panicule très-lâche. Se trouve à Meudon & à Montmorency, près du château de la chaſſe, & eſt commun dans la forêt de Compiegne. Fleurit en Avril.

---

28 AGROSTIS. Calice à deux valves, uniflore, un peu plus court que la corolle; ſtigmates velus longitudinalement.

Fleurs barbues.

—1 SPICA VENTI. *L'épi de vent.* Panicule ample.; pétale extérieur garni d'une barbe roide & très-longue. Fleurit en Juin.

—2 INTERRUPTA. *Petit épi de vent.* Pétales extérieurs garnis d'une barbe reſſerrée , étroite & formant des interruptions. M. Haller fait de cette eſpece une variété de la précédente. Fleurit en Juin.

—3 RUBRA. La partie de la panicule qui porte les fleurs eſt très-ample ; pétale extérieur glabre ; barbe terminale, tortueuſe & recourbée. Se trouve à Meudon & à Montmorency ſur le bord des allées. Fleurit en Juin.

—4 CANINA. Panicule ſouvent alongée, compoſée de rameaux ſerrés entr'eux , & d'une couleur purpurine ; pétales garnis extérieurement d'une barbe blanche éfilée , une fois plus longue que la fleur, formant en ſon milieu un petit coude de couleur brune ; tige couchée , un peu rameuſe. Fleurit en Juin.

Fleurs ſans barbes.

—5 STOLONIFERA. Calices égaux ; panicule compoſée de rameaux ouverts ; tige rampante. Fleurit en Juin.

— 6 CAPILLARIS. Panicule étendue compofée de rameaux capillaires; calices égaux , éfilés, un peu hériffés & colorés. Fleurit en Juin.

— 7 MINIMA. Panicule déliée comme un fil. Fleurit en Mars & Avril.

————————

29 AIRA. Calice à deux valves renfermant deux fleurs , entre lefquelles on ne voit aucun rudiment d'une troifieme fleur , comme dans les *Melica*.

— 1 AQUATICA. Feuilles planes ; panicule ouverte; fleurs liffes fans barbes , plus longues que le calice ; (felon Schrebert , cette plante varie dans les lieux fecs , par le nombre de fes valves calicinales , qui s'acroiffent jufqu'à cinq , & par fes fleurs très-écartées entre elles). Elle eft commune à Saint-Léger dans les marais *des Planets*. Je l'ai trouvée plufieurs fois dans les foffés de la prairie de Gentilly. Fleurit en Juillet & Août.

— 2 CESPITOSA. Feuilles planes; panicule ouverte ; bâles florales velues à leur bafe ; & garnies d'une barbe droite & courte. Se trouve à Villejuif , à Saint-Hubert & à Fontainebleau , proche Chailly , dans les foffés du *Chêne pendu*. Fleurit en Juin.

— 3 FLEXUOSA. Feuilles déliées comme une foie ; tiges prefque nues ; panicule dont les rameaux font très-divergents ; péduncules tortueux ; fleurs barbues. Fleurit en Juin.

—4 MONTANA. Feuilles déliées comme une foie ; panicule rétrécie ; bâles florales velues à leur bafe , longues & tortueufes. (Variété de la précédente , fuivant M. Hudfon & M. de la Mark.) Fleurit en Juin.

—5 CANESCENS. Feuilles déliées comme une foie ; la plus haute renflée en forme de fpathe , & enveloppant le bas de la panicule, qui , lorf-qu'elle eft défleurie , fort davantage de fa gaî-ne ; bâles florales barbues. Fleurit en Juin & Juillet.

—6 PRÆCOX. Feuilles déliées comme une foie ; la plus haute forme une gaîne anguleufe ; fleurs en panicule qui fe raproche de l'épi ; bâles florales barbues. Cette efpece reffemble à la précédente , mais eft très-petite. Elle eft commune au bois de Boulogne & ailleurs. Fleu-rit en Mars & Avril.

—7 CARYOPHYLLEA. Feuilles déliées comme une foie ; panicule dont les rameaux divergent ; fleurs barbues & écartées. Se trouve fur les bords des chemins & foffés des bois , notam-ment aux endroits fabloneux. Fleurit en Mai.

----

30 MELICA. Calice à deux valves renfer-mant deux fleurs , entre lefquelles on voit com-me le rudiment d'une troifieme.

—1 NUTANS. Pétales dénués de barbe; panicule fimple, & penchée. Ce gramen eft très-commun parc de Saint-Maur, bois de Neuilly-fur-Marne, forêt de Bondy, proche les murs duparc du Rincy. Fleurit en Mai.

—2 CÆRULEA. Panicule retrecie; épillets cylindriques; bâles panachées de vert & de violet noirâtre. Fleurit en Juillet & Août.

———

31 POA. Calice à deux valves renfermant plufieurs fleurs; épillets ovales, dont les bâles font un peu aiguës & fcarieufes en leur bord.

—1 AQUATICA. Tige d'environ fix pieds de haut; panicule étalée; épillets compofés de fix fleurs linéaires. Fleurit en Juillet & Août.

—2 ALPINA. Panicule très-rameufe & étalée; épillets compofés de fix fleurs en forme de cœur. Fleurit en Juin.

Il y a une variété prolifere, qui fleurit auffi en Juin.

—3 TRIVIALIS. Panicule étalée; épillets compofés de trois fleurs, chargés de duvet à leur bâfe; tige cylindrique & droite. Fleurit en Juin.

—4 ANGUSTIFOLIA. Panicule étalée; épillets de quatre fleurs chargés de duvet à leur bâfe; tige droite & cylindrique. Fleurit en Juin.

—5 ANNUA. Panicule étalée, ayant fes ra-

meaux à angle droit fur la tige ; épillets obtus ;
tige oblique & comprimée. Fleurit toute l'année.

—6 PRATENSIS. Panicule étalée ; épillets de
cinq fleurs , glabres ; tige cylindrique & droite.
Se trouve dans les prairies de Gentilly & ailleurs. Fleurit tout l'été.

—7 PALUSTRIS. Panicule étalée ; épillets de
deux fleurs , avec une troifieme plus petite , &
chargée de duvet ; feuilles rudes en deffous.
Commun dans les prairies de Gentilly. Fleurit
en Juin & Juillet.

—8 RIGIDA. Panicule lancéolée , ayant un
air de roideur & un peu rameufe ; péduncules
alternes ; épillets tournés du même côté. Très-
commune le long des murailles des villages &
des parcs. Fleurit en Juin.

— 9 COMPRESSA. Panicule refferrée , dont
les fleurs font tournées du même côté ; tige oblique & comprimée. Se trouve fur prefque toutes les vieilles murailles. Fleurit en Juillet &
Août.

— 10 NEMORALIS. Panicule éfilée , épillets
d'une ou deux fleurs, rudes & terminés par une
pointe aiguë ; tige courbée. Fleurit en Juin.

— 11 BULBOSA. Panicule un peu étalée, tournée du même côté. Epillets de quatre fleurs ;
bâfe de la tige femblable à une bulbe. Se trouve fur le bord des chemins & foffés caillouteux ,

notamment

notamment plaine du Point du jour, près de Sêve. Fleurit en Avril & Mai.

Var. A. Tige inclinée.

Var. B. Valves florales allongées de maniere à faire paroître la panicule feuillée & comme frifée.

— 12 CRISTATA. Panicule qui fe rapproche de la forme d'un épi ; calice légerement chargé de poils, renfermant trois ou quatre fleurs & plus long que le péduncule ; bâles florales barbues ; épi luifant & panaché de vert & de blanc. Fleurit en Juin.

***

32 BRIZA. Calice à deux valves, renfermant plufieurs fleurs ; épillets difpofés fur deux rangs ; valves florales obtufes en forme de cœur ; l'intérieure eft très-petite.

—1 MINOR. Epillets triangulaires, moins longs que les valves florales. Se trouve à Meudon, dans les allées du parc & ailleurs. Fleurit en Juin.

—2 MEDIA. *L'Amourete.* Epillets ovales, plus longs que les valves florales. Fleurit en Juin.

—3 ERAGROSTIS. Epillets lancéolés, compofés de vingt fleurs & d'une couleur brune ; tiges penchées, rameufes, garnies d'articulations rouges ; ouverture de la gaîne des feuilles garnie de poils. Se trouve dans toutes les plaines fabloneufes & chargées de cailloux. Fleurit en Juillet, Août & Septembre.

----

33 **DACTYLIS.** Calice à deux valves comprimées, dont une eft plus grande & relevée en carêne.

—1 GLOMERATA. Panicule ramaffée en tête, ayant fes épillets tournés du même côté; calice renfermant quatre fleurs. Fleurit tout l'été.

----

34 **CYNOSURUS.** Calice à deux valves, renfermant plufieurs fleurs, & accompagné de bractées particulieres, fervant de réceptacle, & toujours tournées du même côté.

—1 CRISTATUS. Bractées ailées & femblables à des crêtes. Fleurit en Juin.

—2 CŒRULEUS. Bractées entieres. Se trouve à Saint-Cyr. Fleurit en Mars.

----

35 **FESTUCA.** Calice à deux valves; épillets oblongs, un peu cylindriques; bâles terminées en pointe.

Panicule tournée du même côté.

—1 OVINA. Panicule ferrée & barbue; tige quadrangulaire, un peu nue; feuilles déliées comme une foie. Fleurit en Mai & Juin.

—2 DURIUSCULA. Panicule oblongue; épillets oblongs & liſſes; feuilles déliées comme une ſoie. Fleurit en Mai & Juin.

—3 ELATIOR. Panicule redreſſée; épillets un peu barbus, dont les extérieurs ſont cylindriques. Fleurit en Mai & Juin.

—4 MYURUS. Panicule en épi; calices très-petits, non-aigus; fleurs rudes au toucher; barbes allongées. Fleurit en Mai & Juin.

Panicule réguliere.

—5 DECUMBENS. Calice à trois fleurs; épillets un peu ovales, non-aigus, calice plus long que la fleur; tige penchée. Cette plante a le port des *melica*. Se trouve dans preſque tous les bois. Fleurit en Juin.

—6 FLUITANS. *Manne de Pruſſe.* Panicule rameuſe; épillets preſque feſſiles, cylindriques & non-aigus. Fleurit tout l'été.

----

36 BROMUS. Calice à deux valves; épillets oblongs, cylindriques, diſpoſés ſur deux rangs, garnis d'une barbe au deſſous de leur ſommet.

—1 MOLLIS. Panicule un peu redreſſée; épillets ovales; barbes droites; feuilles garnies de poils très-doux. Fleurit tout l'été.

—2 SECALINUS. Panicule ouverte, épillets ovales; barbes droites; femences diſtinctes. Fleurit tout l'été.

—3 SQUARROSUS. *La Droue.* Panicule penchée ; épis ovales ; barbes divergentes, surtout lorfque les femences font parvenues à leur maturité ; pédicules propres, déliés comme un fil, & renflés à leur fommet. Fleurit en Juin.

—4 STERILIS. Panicule lâche, épillets oblongs, bâles garnies de barbes en forme de fer d'alène. Fleurit en Mai.

—5 ARVENSIS : Panicule penchée ; épillets ovales, oblongs. Fleurit en Juin.

—6 TECTORUM. Panicule penchée ; épillets linéaires. Fleurit en Mai.

—7 RACEMOSUS. Panicule formant une grappe très-fimple ; péduncule chargé d'un feul épillet. Chaque épillet compofé de fix fleurs, liffes & barbues. Fleurit tout l'été.

—8 GIGANTEUS. Panicule penchée ; épillets de quatre fleurs ; garnis de barbes courtes. Se trouve dans prefque tous les bois. Fleurit en Juillet.

—9 PINNATUS. Tige fimple ; épillets alternes, prefque feffiles, cylindriques, légerement barbus. Fleurit en Juin.

—10 DISTACHYOS. Epillets difpofés alternativement deux à deux, feffiles, aplatis, préfentant à la tige un de leur côtés plats, comme dans les fromens ; calices aigus. Se trouve à

Montmorency , & à Fontainebleau. Fleurit en Juin.

— 11 SYLVATICUS. Epillets très-velus , garnis de barbes beaucoup plus longues que les valves. Fleurit tout l'été.

———————

37 STIPA. Calice à deux valves & uniflore ; valve extérieure de la corolle garnie d'une barbe terminale & articulée à fa bafe.

— 1 PENNATA. Barbes plumeufes. Se trouve à Fontainebleau. Fleurit en Mai.

— 2 CAPILLATA. Barbes nues & courbes ; calice plus long que les femences ; feuilles garnies de duvet , fur leur face intérieure. A Fontainebleau. Fleurit en Juin.

———————

38 AVENA. Calice à deux valves , renfermant plufieurs fleurs : une barbe contournée , inferée fur chaque valve florale,

— 1 ELATIOR. *Fromental.* Calice renfermant deux fleurs , dont l'une pourvue d'étamines & de piftils , porte une barbe fort courte , & l'autre, qui n'a que des étamines , fe termine en une barbe d'une longueur très-fenfible. Fleurit tout l'été.

Var. Racines tuberculeufes. Fleurit en Juin & Juillet.

—2 SATIVA. *Avoine.* Epi en panicule ; calice renfermant deux femences liffes , dont l'une eft barbue. Fleurit en Mai.

—3 FATUA. Epi en panicule ; calices renfermant trois fleurs , dont les bâles ont leur moitié inférieure chargée de poils roux. Fleurit en Mai.

—4 STERILIS. Epi en panicule ; calices renfermant cinq fleurs , dont les exterieures font barbues & velues à leur bafe , & les intérieures fans aucune pointe particuliere. Fleurit en Mai.

—5 FLAVESCENS. Panicule lâche ; calice court , renfermant trois fleurs , qui toutes font barbues. Fleurit en Mai & Juin.

—6 PRATENSIS. Panicule un peu en épi ; calice renfermant cinq fleurs , (plufieurs des épillets pédunculés. Flor. fr.) Fleurit en Juin & Juillet.

—7 PUBESCENS. Panicule un peu en épi ; calices renfermant deux ou trois fleurs , & vélus à leur bafe ; feuilles planes & garnies de duvet. Epillets luifans , rougeâtres ou violets à leur bafe & argentés à leur fommet. Elle eft très-commune dans le bois de Boulogne. Fleurit en Juin.

* * *

39 ARUNDO. Calice bivalve ; fleurs ramaf-

fées & environnées de poils femblables à de la laine.

—1 PHRAGMITES. *Rofeau à balais.* Calice renfermant cinq fleurs ; panicule lâche. Fleurit en Août.

—2 CALAMAGROSTIS. *Rofeau des bois.* Calices uniflores, liffes ; corolle chargée de beaucoup de duvet, lorfque la plante commence à vieillir ; tige rameufe. (M. de la Mark dit qu'il n'a point obfervé ce dernier caractere. Flor. Fr., tom. 3 , p. 614.) Fleurit en Juillet.

———

40. LOLIUM. Calice monophylle, affujéti contre l'axe & renfermant plufieurs fleurs.

—1 PERENNE. *Raigraff.* Epi dépourvu de barbes ; épillets comprimés & compofés de plus de trois fleurs. Fleurit tout l'été.

—2 TENUE. *Yvraie délicate.* Epi cylindrique, dépourvu de barbes ; épillets de trois fleurs. Se trouve à Saint-Léger & à Fontainebleau , dans les environs du *Chêne pendu.* Fleurit en Juillet.

—3 TEMULENTUM. *Yvraie.* Epi barbu ; épillets comprimés & compofés de plus de trois fleurs ; commune dans les bleds & les avoines. Fleurit en Juin.

———

41 ELYMUS. Calices fitués latéralement à deux valves , contenant plufieurs fleurs.

—1 Caninus. Epi penché & étroit ; épillets droits & dont les inférieurs font réunis deux à deux. Se trouve à Versailles & à Saint - Maur. Fleurit en Juillet.

———

42 SECALE. Calices opposés, à deux valves, à deux fleurs & solitaires.

—1 Cereale. *Seigle.* Valves garnies de cils rudes. Fleurit en Mai.

———

43 HORDEUM. Calices latéraux à deux valves, uniflores, & réunis trois à trois.

—1 Vulgare. *Epaute.* Toutes les fleurs barbues, pourvues d'étamines & de pistils, & disposées sur plusieurs rangées, dont deux font plus redressées que les autres. Fleurit en Mai.

—2 Distichon. *Orge.* Fleurs latérales à étamines seulement, & dépourvues de barbes ; femences anguleufes & imbriquées. Fleurit en Mai.

—3 Zeocriton. Fleurs latérales à étamines, & dépourvues de barbes ; femences anguleufes divergentes, & enveloppées d'une écorce. Fleurit en Mai.

—4 Murinum. *Orge des murailles.* Fleurs latérales à étamines seulement, & barbues ; paillettes calicinales intermédiaires garnies de poils. Fleurit tout l'été.

—5 SECALINUM. *Flore Fr.* Epi menu & allongé ; paillettes calicinales, toutes presque glabres. Elle est très-commune dans les prés de Saint-Denis, de Longchamp, & du Plessis-Piquet. Fleurit en Juin.

————

44 TRITICUM. Calice à deux valves, solitaire, renfermant depuis deux jusqu'à cinq fleurs ; épillets un peu obtus & comprimés.

—1 ÆSTIVUM. *Froment d'été.* Calices renfermant quatre fleurs, ventrus, glabres, imbriqués & barbus. Fleurit en Juin. Cette espece, ainsi que les suivantes, à l'exception du *Turgidum* & du *Tenellum*, ont une variété sensiblement barbue.

—2 HYBERNUM. *Froment d'hiver.* Calices renfermant quatre fleurs, ventrus, lisses, imbriqués & à peine barbus. Fleurit en Juin.

—3 TURGIDUM. Calices renfermant quatre fleurs ; ventrus, velus, imbriqués & obtus. Fleurit en Juin.

—4 JUNCEUM. Calices à cinq fleurs & tronqués ; feuilles roulées en leurs bords. Fleurit en Juin.

—5 REPENS. *Chiendent des boutiques.* Calices de quatre fleurs, en fer d'alène & terminés en pointe aiguë ; feuilles planes, velues en-dessus. Fleurit en Juin.

B v

—6 GLAUCUM. Cette plante ne me paroît être qu'une variété de la précédente, dont elle ne diffère que par fa couleur glauque; les épillets font auffi dépourvus de barbes. Fleurit en Juin.

—7 TENELLUM. Calices à trois ou quatre fleurs; épillets aigus & dépourvus de barbes; feuilles fétacées. Très-commun à Meudon & au bois de Boulogne, près du château de Madrid. On le trouve en général fur prefque toutes les vieilles murailles des villages. Fleurit en Juin.

TRIGYNIE.

Trois ftyles.

45 MONTIA. Calices à deux feuilles; corolle monopétale irréguliere; capfule à une feule loge, s'ouvrant en deux valves.

—1 FONTANA. Tige très-rameufe rougeâtre; feuilles oppofées, connées, lancéolées & très-entieres. (*Flor. Fr.*, tom. 2, pag. 447). Se trouve autour de l'étang de *Châlet*, à Meudon, fur les hauteurs de *Gache*, à Bondy: elle eft auffi très-commune à Fontainebleau. Fleurit en Juin & Juillet; fleurs d'un blanc fale.

46 HOLOSTEUM. Calices de cinq feuilles ;
cinq pétales ; capfule à une feule loge un peu
cylindrique , & s'ouvrant par le fommet.

—1 UMBELLATUM. Fleurs en ombelle. Elle
eft commune fur les murs & foffés. Fleurit en
Mars & Avril ; fleurs blanches.

QUATRIEME CLASSE.

TETRANDRIE.

Quatre étamines égales entre elles.

MONOGYNIE.

Un feul ftyle.

47 GLOBULARIA. Calice commun , com-
pofé de folioles imbriquées ; calices particuliers
tubulés , inférieurs au germe ; corolle dont la
levre fupérieure eft fendue en deux , & l'inférieure en trois ; réceptacle chargé de paillettes.

—1 VULGARIS. *Globulain.* Tige herbacée ;
feuilles radicales chargées de trois dents ; feuilles de la tige lancéolées. Se trouve à Sève &
à Montmorency. Elle eft auffi très-commune

petite pelouſe du Val, près le château de M. le
marquis de Beauveau, forêt de Saint-Germain.
Fleurit en Mai ; fleurs bleues.

———

48 DIPSACUS. Calice commun à pluſieurs
feuilles ; calice propre, ſupérieur au germe ;
réceptacle chargé de paillettes.

— 1 FULLONUM. *Chardon à bonnetier.* Feuilles feſſiles dentées en ſcie. (La plante cultivée
diffère de celle qui eſt ſauvage par les paillettes
crochues de ſon calice). Fleurit en Juillet ;
fleurs purpurines.

— 2 PILOSUS. *Verge de paſteur.* Feuilles pétiolées, garnies d'appendices, en forme d'o-
reillettes. Se trouve très-communément à Mon-
morency, aux environs du château *de la chaſſe.*
Fleurit en Juillet & Août. Fleurs d'un blanc
ſale.

———

49 SCABIOSA. Calice commun à pluſieurs
feuilles ; calice particulier double & ſupérieur
à l'ovaire ; réceptacle chargé de pailletes.

— 1 SUCCISA. *Mors du diable.* Corolle à quatre diviſions, & égale en ſon bord ; tige ſimple ; rameaux raprochés entr'eux ; feuilles lancéolées & ovales. Fleurit en Août & Septembre. Fleurs bleues.

Var. — *hirſuta.* Fleurit en Août.

—2 ARVENSIS. *Scabieuse ordinaire.* Corolle à quatre divisions & comme radiée ; feuilles incisées & ailées ; tige velue. Fleurit tout l'été. Fleurs bleues.

—3 COLUMBARIA. Corolle à cinq divisions & comme radiée ; feuilles radicales ovales & crenelées ; feuilles de la tige ailées , ayant leurs divisions déliées comme un fil. Fleurit tout l'été.

Var. — *minor.* Fleurit *idem.* Fleurs bleues.

---

50 SCHERARDIA. Corolle monopétale & en entonnoir , deux semences à trois dents.

—1 ARVENSIS. Toutes les feuilles disposées par verticilles ; fleurs terminales. Se trouve dans presque tous les endroits cultivés. Fleurit tout l'été. Fleurs bleues.

---

51 ASPERULA. Corolle monopétale & en entonnoir ; deux semences globuleuses.

—1 ODORATA. *Muguet* ou *reine des bois.* Verticilles composés de huit feuilles lancéolées ; bouquets de fleurs pédunculés , (fleurs blanches.) Cette plante est commune dans toutes les forêts de *Ville-d'Anguin.* Fleurit en Mai.

—2 ARVENSIS. Verticilles composés de six feuilles ; fleurs sessiles aggregées & terminales ;

(fleurs rougeâtres.) Se trouve dans les endroits cultivés. Fleurit tout l'été.

—3 TINCTORIA. *Petite Garance.* Feuilles linéaires , les inférieures au nombre de six par verticilles , les intermédiaires quaternées : tige molle ; la plupart des fleurs à trois divisions ; fleurs jaunes. Se trouve à Sataury , & forêt de Fontainebleau , proche *Franchard.* Elle est très-commune *vente des Merles* , proche le rocher de *Bouligny.* Fleurit en Juin & Juillet.

—4 CYNANCHICA. *l'herbe à l'Esquinancie.* Feuilles linéaires , rassemblées par quatre , & dont celles du haut de la tige font opposées ; tige droite , corolle à quatre divisions ; fleurs blanches. Fleurit *idem.*

———

52 GALIUM. Corolle monopétale & plane; deux semences arrondies.

———

Fruits glabres.

—1 PALUSTRE. *Caille-lait des marais.* Tige étalée ; feuilles quaternées, un peu ovales , inégales entr'elles. Fleurit tout l'été ; fleurs blanches.

—2 ULIGINOSUM. Verticilles de six feuilles lancéolées , rudes , garnies fur leur bords de petits aiguillons crochus ; corolles plus grandes que le fruit ; fleurs blanches. Fleurit en Mai & Juin.

—3 SPURIUM. *Faux Caille-lait.* Verticilles de fix feuilles relevées en carêne, rudes, garnies d'aiguillons crochus; articulations fimples; fruits glabres; fleurs blanches. Fleurit *idem.*

—4 VERUM. *Vrai Caille-lait.* Verticilles de huit feuilles, partagées par un fillon & linéaires; rameaux floriferes fort courts; fleurs jaunes. Fleurit *idem.*

—5 MOLLUGO. *Caille-lait blanc.* Verticilles de huit feuilles ovales, linéaires, un peu dentées en fcie, très-ouvertes & terminées par une pointe aiguë; tige molle, rameaux étalés; fleurs blanches. Fleurit *idem.*

———

Fruits hériffés.

—6 BOREALE. Feuilles quaternées, lancéolées, marquées de trois nervures & glabres; tige droite. Cette plante fe trouve communément dans les moiffons, à Saint-Maur, à Cachan, à Choifi, à Villeneuve-Saint-George & près le *Château Frayé*; fleurs blanches. Fleurit en Juin.

—7 APARINE. *Grattéron.* Reffemble au *Galium fpurium*, excepté qu'il a les fruits hériffés de poils ainfi que les articulations; fleurs blanches. Fleurit tout l'été.

—8 PARISIENSE. Feuilles verticillées, linéaires; péduncules chargés de deux fleurs d'un rouge foncé ou blanches. Sur les bords des chemins & foſſés des bois des environs du Pleſſis-Piquet. Fleurit en Mai & Juin.

____

53 RUBIA. Corolle monopétale campanulée : deux baies à une ſemence.

—1 TINCTORUM. *Garance.* Feuilles & tige hériſſées d'aiguillons. Se trouve en ſortant des arcades d'Arcueil , ſur les bords des chemins & foſſés , en allant au Bourg-la-Reine , à Cachan & à Moret ; fleurs jaunes. Fleurit tout l'été.

____

—54 PLANTAGO. Calice quadrifide ; corolle quadrifide , ayant ſon limbe réfléchi ; étamines très-longues , capſule à deux loges , ayant ſon ouverture ſituée tranſverſalement.

____

Hampe nue.

—1 MAJOR. Plantin ordinaire ; feuilles ovales , glabres ; hampe cylindrique ; épi compoſé de fleurs imbriquées ; fleurs d'un blanc ſale. Fleurit tout l'été.

—2 MEDIA. *Plantin moyen.* Feuilles ovales , lancéolées , chargées de duvet ; hampe cylindrique ; épi cylindrique ; fleurs d'un blanc ſale. Fleurit *idem.*

—3 LANCEOLATA. *Plantin lancéolé.* Feuilles lancéolées , épi un peu ovale & glabre ; hampe anguleufe ; fleurs d'un blanc fale. Fleurit tout l'été.

—4 CORONOPIFOLIA. *Corne de cerf.* Feuilles linéaires, dentées ; hampe cylindrique ; fleurs d'un blanc fale. Fleurit tout l'été.

Tige rameufe.

—5 PSYLLIUM. *Herbe aux puces.* Tige étalée : feuilles un peu dentées & recourbées ; têtes de fleurs portées fur de longs péduncules ; fleurs d'un blanc fale. Fleurit en Juin & Juillet.

---

55 CENTUNCULUS. Calice à quatre divifions ; corolle à quatre divifions & ouverte ; étamines courtes ; capfule à une feule loge , & s'ouvrant tranfverfalement.

—1 MINIMUS. Se trouve dans les foffés & ornieres des forêts , où l'eau a féjourné l'hiver. Fleurs d'un blanc fale. Fleurit en Avril, Mai & Juin.

---

56 SANGUISORBA. Calice de deux feuilles ; ovaire renfermé entre la corolle & le calice.

—1 OFFICINALIS. *Pimprenelle des montagnes.*

Epis ovales. Se trouve dans les prés élevés , à Bonneuil ; fleurs d'un rouge puce. Fleurit en Juin & Juillet.

———

57 CORNUS. Fleurs à quatre pétales, supérieures à l'ovaire ; fruit charnu , contenant un noyau à deux loges.

—1 MASCULA. *Cornouiller.* Tige arborefcente; fleurs en ombelle, garnies d'une collerete de quatre folioles, d'une longueur égale à celle de l'ombelle ; fleurs jaunes. Fleurit en Mars.

—2 SANGUINEA. *Cornouiller fanguin.* Tige arborefcente ; rameaux droits ; point de collerettes fous les fleurs ; fleurs blanches. Fleurit en Juin.

———

58 TRAPA. Corolle à quatre pétales ; calice à quatre divifions ; capfule à quatre loges & garnie de quatre pointes formées par le calice.

—1 NATANS. *Chataigne d'eau.* Feuilles, les unes enfoncées dans l'eau , & capillaires comme celles du *Myriophyllum ;* les autres nageant à la furface, & approchant de la figure d'un lofange ; fleurs blanches. Se trouve à Verfailles dans les *bains d'Apollon.* Fleurit en Juillet & Août.

DIGYNIE.

Deux styles.

59 APHANES. Calice à huit divisions ; corolle nulle ; deux femences nues.

—1 ARVENSIS. *Petit pied de Lion.* Fleurs ramassées dans les aisselles des fleurs, & n'ayant quelquefois qu'un seul style ; feuilles découpées en trois ; fleurs jaunâtres. Fleurit tout l'été.

60 CUSCUTA. Calice à quatre divisions ; corolle monopétale ; capsule à deux loges. Plante parasite.

—1 EUROPÆA. *Cheveux de Vénus.* Fleurs sessiles. Se trouve dans presque toutes les prairies artificielles ; fleurs blanches. Fleurit en Juillet, Août & Septembre.

—2 EPITHYMUM. *Cuscute* ou *Epiteme.* Fleurs sessiles à cinq divisions, & environnées de bractées. J'ai presque toujours trouvé cette plante sur l'*Urtica dioïca*, sur le *Vicia sativa*, & sur le *Teucrium scorodonia*. Feurs blanches. Fleurit *idem*.

TETRAGYNIE.

Quatre ſtyles.

61 ILEX. Calice à quatre dents; corolle en roue; ſtyle nul; fruit à quatre ſemences.

—1 AQUIFOLIUM. *Houx*. Feuilles ovales, aiguës, épineuſes; fleurs blanches. Fleurit en Mai & Juin.

———

62 POTAMOGETON. Calice nul; quatre pétales; ſtyle nul; quatre ſemences; plante aquatique.

—1 NATANS. *Epi d'eau*. Feuilles oblongues, ovales, petiolées, flottantes ſur la ſurface de l'eau; fleurs d'un blanc ſale. Fleurit tout l'été.

—2 PERFOLIATUM. Feuilles en cœur & emplexicaules; fleurs d'un blanc ſale. Fleurit *idem*.

—3 DENSUM. Feuilles ovales, terminées en pointes aiguës, oppoſées, & ſerrées entr'elles; tige bifurquée; épi de quatre fleurs. Se trouve dans les foſſés de la prairie de Gentilly; fleurs d'un blanc ſale. Fleurit *idem*.

—4 LUCENS. Feuilles lancéolées, planes, rétrecies à leur baſe en pétioles; fleurs d'un blanc ſale. Fleurit *idem*.

—5 CRISPUM. Feuilles lancéolées, ondulées, dentées en ſcie; les unes alternes, les autres oppofées ; fleurs d'un blanc fale. Fleurit en Avril & Mai.

—6 SERRATUM. Feuilles lancéolées, oppofées, un peu ondulées ; (ce n'eft peut-être qu'une variété de la plante précédente). Cette plante eft très-commune dans prefque toutes les mares de la plaine des *Génevriers* , des Hermites de la forêt de Senart ; fleurs d'un blanc fale. Fleurit en Juillet & Août.

—7 COMPRESSUM. Tige comprimée ; feuilles linéaires obtufes. Se trouve dans les mares de la plaine des *Génevriers* , aux Hermites , dans la piece d'eau de Saint-Cyr , dans l'étang de Saint-Hubert & ailleurs ; fleurs d'un blanc fale. Fleurit en Juin & Juillet.

—8 PECTINATUM. Feuilles déliées comme un fil , rapprochées parallelement les unes aux autres , & difpofées fur deux côtés de la tige ; fleurs d'un blanc fale. Fleurit *idem.*

—9 SETACEUM. Feuilles lancéolées , oppofées , terminées en pointe aiguë. Cette plante eft très-commune dans l'étang de Saint-Gratien , le long du parapet de la chauffée ; fleurs d'un blanc fale. Fleurit *idem.*

—10 GRAMINEUM. Feuilles linéaires lancéolées , alternes , feffiles , plus larges que les ftipules. Se trouve dans la petite riviere qui borde l'étang *Coquenard* , dans les pieces d'eau du parc de Verfailles , & dans celles de Marly.

fleurs d'un blanc fale. Fleurit *idem.*

—11 PUSILLUM. Feuilles linéaires, les unes oppofées , les autres alternes , ouvertes à leur bafe ; tige cylindrique. Se trouve dans de petites mares, à droite de la grande route avant d'arriver à la *Maifon - Blanche.* Je l'ai trouvé plufieurs fois à Verfailles & à Saint-Cyr ; fleurs d'un blanc fale. Fleurit en Juillet & Août.

63 SAGINA. Calice de quatre feuilles ; quatre pétales ; capfule à une feule loge , à quatre valves & à plufieurs femences.

—1 PROCUMBENS. Rameaux couchés ; fleurs d'un blanc fale. Fleurit tout l'été.

—2 ERECTA. Tige droite ; rameaux ne portant fouvent qu'une feule fleur. Se trouve autour des étangs de Meudon. Elle eft très-commune à la tour de Crouy & ailleurs ; fleurs blanches. Fleurit en Avril.

64 TILLÆA. Calice à trois ou quatre divifions ; trois ou quatre pétales égaux ; trois ou quatre capfules à plufieurs femences.

—1 AQUATICA. Tige droite & fourchue ; feuilles aiguës ; fleurs à quatre divifions. Se trouve dans prefque toutes les mares de la forêt de Fontainebleau ; fleurs d'un blanc fale. Fleurit en Juin, Juillet & Août.

—2 MUSCOSA. Tige penchée; fleurs à trois divisions. Se trouve dans les allées & les endroits sablonneux des bois; fleurs d'un blanc sale. Fleurit en Juin & Juillet.

CINQUIEME CLASSE.

PENTANDRIE.

Cinq étamines.

MONOGYNIE.

Un seul style.

65 HELIOTROPIUM. Corolle en forme de soucoupe à cinq divisions avec de petites dents intermédiaires; gorge de la corolle fermée par des écailles en forme de voûte.

—1 EUROPÆUM. *Tournesol* ou *herbe aux verrues*; feuilles ovales très - entieres, cotoneuses, ridées; épis opposés de part & d'autre du même pétiole; fleurs blanches. Fleurit en Juillet & Août.

---

66 MYOSOTIS. Corolle en forme de soucoupe à cinq divisions, légerement échancrées; gorge de la corolle fermée par des écailles en forme de voûte.

—1 SCORPIOIDES. *Oreille de souris.* Feuilles fenfiblement velues; fleurs très-petites & bleues. Fleurit tout l'été.

Var. — *arvenfis major.*

—2 PALUSTRIS. *Flor. Fr.* Feuilles fenfiblement glabres; fleurs affez grandes & bleues. (Plante marécageufe). Fleurit *idem.* Variété de Linnæus.

—3 LAPPULA. Semences garnies d'aiguillons à plufieurs dents; feuilles en fer de lance & hériffées de poils. Se trouve à Charenton, à Saint-Maur fur les murailles, dans tous les endroits cultivés à Nanterre, & fur les murs du parc de Vincennes; fleurs bleues. Fleurit *idem.*

67 LITHOSPERMUM. Corolle en forme d'entonnoir, percée & non garnie de poils ou d'écailles à fa bafe; calice à cinq divifions.

—1 OFFICINALE. *Gremil* ou *herbe aux perles.* Semences liffes & luifantes; feuilles un peu fermées & lancéolées. Se trouve fur le bord des chemins & foffés des bois; fleurs blanches. Fleurit en Mai & Juin.

—2 ARVENSE. *Petit gremil.* Semences ridées; feuilles molles & étroites; fleurs blanches. Se trouve dans les champs cultivés. Fleurit en Mai.

68 CYNOGLOSSUM.

67. **ANCHUSA.** Corolle en entonnoir, fermée à son entrée par des écailles, en forme de voûte ; femences cifelées à leur bafe.

—OFFICINALIS. *Buglofe.* Feuilles lancéolées ; épis garnis de fleurs imbriquées & tournées du même côté. Fleurit en Juin & Juillet ; fleurs bleues.

68. **CYNOGLOSSUM.** Corolle en entonnoir, fermée à son entrée par des écailles en forme de voûte ; femences comprimées, attachées au ftyle perfiftant, feulement par leur côté intérieur.

—1 OFFICINALE. *Cynogloffe* ou *Langue de chien.* Etamines plus courtes que la corolle, feuilles en large fer de lance, cotoneufes & feffiles ; fleurs du bleu au rouge. Fleurit en Mai & Juin.

69. **PULMONARIA.** Corolle en entonnoir, ayant fa gorge libre ; calice en forme de prifme à cinq pans.

—1 ANGUSTIFOLIA. Feuilles radicales lancéolées. Commune au bois de Neuilly-fur-Marne, à Verriere & à Bievre ; fleurs bleues. Fleurit au commencement du printemps.

—2 OFFICINALIS *Pulmonaire ordinaire.* Feuilles radicales ovales, en cœur, chargées d'afpérités ; fleurs bleues. Fleurit *idem.*

70 **SYMPHYTUM.** Limbe de la corolle en

tube renflé ; gorge de la corolle fermée par cinq
écailles en fer d'alêne.

—1 OFFICINALE. *Grande Confoude.* Feuilles
ovales, lancéolées, décurrentes ; fleurs bleues.
Fleurit tout l'été.

———

71 BORAGO Corolle en roue, dont la gorge
eſt fermée par des écailles en forme de rayons.

—1 OFFICINALIS. *Bourache.* Toutes les
feuilles alternes ; calices ouverts ; péduncules
terminaux & chargés de pluſieurs fleurs bleues.
Fleurit tout l'été.

———

72 ASPERUGO. Calice comprimé, lorſque
le fruit eſt parvenu à ſa maturité.

—1 PROCUMBENS. *Rapete.* Tige couchée. Se
trouve plaine de l'Hôpital ; eſt auſſi commune
ſur les murailles des maraichers de la barriere
de Bercy, & de celle de Saint-Martin, à la
Chapelle, & le long des haies qui bordent la
grande route de Paſſy au Point du Jour ; fleurs
bleues. Fleurit tout l'été.

———

73 LYCOPSIS. Tube de la corolle recourbé.
—1 ARVENSIS. *Petite Buglofe* ou *Grippe des
champs.* Feuilles lancéolées, hériſſées de poils ;
calices droits pendant la floraiſon ; fleurs bleues.
Fleurit tout l'été.

74 ECHIUM. Corolle irréguliere, dont l'entrée eſt nue.

—1 VULGARE. *Vipérine.* Tige velue, marquée de points noirs & ſaillants ; feuilles de
la tige lancéolées , hériſſées de poils ; fleurs en
épis & bleues , diſpoſées latéralement. Fleuric
en Mai & Juin.

75 PRIMULA. Fleurs en ombelle avec une
petite collerette ; tube de la corolle cylindrique,
élargi à ſon entrée.

—1 VERIS. *Primevere.* Feuilles dentées &
ridées. Se trouve dans tous les prés ; fleurs jaunes. Fleurit au commencement du printemps.

Var. A—*Officinalis.* Limbe de la corolle concave ; fleurs jaunes. Fleurit *idem.*

Var. B. — *Elatior.* Limbe de la corolle plat ;
fleurs dont les extérieurs ſeulement ſont pendantes. Se trouve bois de Neuilly-ſur-Marne,
Bondy , & à Montmorency. Fleurit , *idem.*

Var. C.—*Acaulis. Primevere à grandes fleurs.*
Tige nulle , ou n'ayant qu'une hampe très-courte,
enfoncée dans la terre ; fleurs d'un blanc jaunâtre. Se trouve bois de Neuilly-ſur-Marne, Bondy
& autres. Fleurit *idem.*

76 MENYANTHES. Corolle barbue ; ſtig-

mate fendu en deux; capfule à une feule loge.

—1 NYMPHOIDES. Feuilles très-entieres & en cœur; fleurs jaunes; pétales ciliés. Se trouve dans les mares, étangs & rivieres. Fleurit en Juin & Juillet.

—2 TRIFOLIATA. *Trefle d'eau.* Feuilles ternées; fleurs blanches & barbues. Se trouve dans les prés humides & marais des bois. Fleurit en Mai.

———

77 HOTTONIA. Corolle en foucoupe; étamines inférées fur le tube de la corolle; capfule à une feule loge.

—1 PALUSTRIS. *Millefeuille aquatique.* Tige garnie vers fon fommet, de trois ou quatre verticilles de fleurs. Je n'ai jamais trouvé cette plante qu'à Bondy, dans plufieurs lacunes de la forêt, du côté du Rincy, & à Saint-Léger, où elle eft très-commune; fleurs blanches. Fleurit à la fin de Mai.

———

78 LYSIMACHIA. Corolle en roue; capfule globuleufe, terminée en pointe aiguë, s'ouvrant à dix valves.

—1 VULGARIS. *Corneille* ou *Chaffe - boffe.* Fleurs jaunes en panicule terminale. Se trouve dans les lieux humides. Fleurit en Juin & Juillet.

—2 NEMORUM. Feuilles ovales, aiguës; fleurs folitaires; tige couchée; fleurs jaunes. Très-commune forêt de Montmorency, à quelques portées de fufil de Sainte Radegonde, & à Bievre. Fleurit tout l'été.

—3 NUMMULARIA. *Nummulaire* ou *herbe aux écus.* Feuilles un peu en cœur; fleurs folitaires; tige rampante; péduncules courts; fleurs jaunes. Se trouve dans les bois, prés & foffés humides. Fleurit *idem.*

———

79 ANAGALLIS. Corolle en roue; capfule s'ouvrant tranfverfalement.

—1 ARVENSIS. *Mouron rouge.* Feuilles entieres, mouchetées de noir en-deffous. Se trouve dans les endroits cultivés. Fleurit tout l'été.

Var.— *Flore cæruleo.* Mouron à fleurs bleues.

—2 TENELLA. *Mouron délicat.* (*Lyfimachia tenella*). Feuilles ovales un peu aiguës; tige rampante. Cette plante eft très-commune aux buttes de Sêve & ailleurs, dans les prés humides. Fleurs couleur de rofe. Fleurit en Juin.

———

80 CONVOLVULUS. Corolle campanulée, pliffée; deux ftigmates; capfule à deux loges, dont chacune renferme deux femences.

—1 ARVENSIS. *Liferon des vignes.* Feuilles en fer de fleche, ayant de part & d'autre une faillie aiguë; péduncules prefque toujours uni-flores; fleurs du blanc au rofe. Fleurit tout l'été.

—2 SEPIUM. *Grand Liferon.* Feuilles en fer de fleche, ayant les lobes de leurs bafes tronqués; péduncules en prifme à quatre pans & uniflores. Se trouve dans les haies & buiffons; fleurs blanches. Fleurit, *idem.*

81 CAMPANULA. Corolle campanulée, dont le fond eft fermé par des valves qui portent les étamines; ftigmates à trois divifions; capfule inférieure à la fleur, ayant fes ouvertures latérales.

Feuilles liffes & étroites.

—1 ROTUNDIFOLIA. Feuilles de la tige linéaires; feuilles radicales en forme de rein; fleurs bleues. Se trouve fur le bord des chemins & foffés, & dans les fentes des murailles. Fleurit tout l'été.

—2 RAPUNCULUS. *Raiponce.* Feuilles ondulées; les radicales lancéolées - ovales; fleurs en panicule ferrée, bleues & blanches. Fleurit en Mai & Juin.

—3 PERSICIFOLIA. *Campanule à feuilles de*

pêcher. Feuilles radicales un peu ovales ; celles de la tige lancéolées - linéaires , un peu dentées en scie , sessiles & écartées entre elles. Cette plante est très-commune au bois de Boulogne ; fleurs bleues. Fleurit en Mai & en Juin.

Feuilles rudes & larges.

—4 RAPUNCULOIDES. *La fausse Raiponce.* Feuilles en cœur, lancéolées ; tige rameuse ; fleurs éparses , disposées du même côté ; calices refléchis ; fleurs bleues. Se trouve à Montmartre, dans les cavités des anciennes carrieres à plâtre. Fleurit en Juillet, Août & Septembre.

—5 TRACHELIUM. *Campanule à feuilles d'ortie.* Tige anguleuse ; feuilles pétiolées ; calices ciliés ; péduncules divisés en trois ; fleurs bleues. Se trouve dans tous les bois. Fleurit en Juillet & Août.

—6 GLOMERATA. *Campanule à têtes.* Tige anguleuse & simple ; fleurs sessiles, formant un bouquet terminal ; fleurs bleues. Très - commune sur des carrieres à plâtre , au-dessus du bois de Neuilly-sur-Marne & ailleurs. Fleurit *idem.*

—7 SPECULUM. *Miroir de Vénus.* Tige très-rameuse & étalée ; feuilles oblongues légerement crenelées ; fleurs solitaires ; capsules allongées , & par-tout d'une épaisseur égale ; fleurs violetes. Se trouve dans les moissons. Fleurit en Juin.

—8 Hybrida. Tige un peu rameuſe à ſa baſe, & reſſerrée; feuilles oblongues, crenelées; calices aggrégés plus longs que la corolle; capſules allongées, & par - tout d'une épaiſſeur égale; fleurs d'un bleu pâle. Se trouve dans les moiſſons, au-deſſus de la prairie de Gentilly, & à Neuilly - ſur - Marne. Fleurit *idem.*

—9 Hederacea. Feuilles en cœur, diviſées en cinq lobes, pétiolées & glabres; tige lâche; fleurs bleues. Se trouve à Saint-Léger. Fleurit *idem.*

------

82 PHYTEUMA. Corolle en roue à cinq diviſions linéaires; ſtigmate à deux ou trois diviſions; capſule inférieure au germe, à deux ou trois loges.

—1 Orbicularis. Tête de fleurs preſque globuleuſe; feuilles dentées en ſcie; les radicales en forme de cœur; fleurs bleues. Se trouve à Jouy, à Fontainebleau, *rocher de Bouligny, vente des merles,* & au mont. *Teſſas.* Fleurit en Juillet & Août.

—2 Spicata. *Raiponce tubéreuſe.* Tête de fleurs en épi oblong; feuilles radicales en cœur; capſule à deux loges; fleurs blanches. Se trouve aux buttes de Sève & forêt de Montmorency. Fleurit en Juin.

Var. — *Alopecuroides.* Fleurs bleues.

83 SAMOLUS. Corolle en foucoupe garnie de cinq petites écailles à l'entrée de fon tube ; capfule inférieure à la corolle , & à une feule loge.

—1 VALERANDI. *Mouron d'eau.* Petites fleurs blanches difpofées en grappes terminales. Fleurit tout l'été.

84 LONICERA. Corolle monopétale irréguliere ; baie inférieure à la corolle , divifée en deux loges, à plufieurs femences.

—1 PERICLYMENUM. *Chevrefeuille des bois.* Têtes de fleurs ovales , imbriquées , terminales ; toutes les feuilles libres & diftinctes ; fleurs d'un blanc rofe. Se trouve dans tous les bois. Fleurit tout l'été.

85 VERBASCUM. Corolle en roue un peu irréguliere ; capfule à deux loges & à deux valves.

—1 THAPSUS. *Bouillon blanc ou Moléne.* Feuilles décurrentes , cotoneufes fur leurs deux faces ; tige fimple ; fleurs jaunes. Fleurit tout l'été.

—2 PHLOMOIDES. Feuilles ovales , cotoneufes fur leurs deux faces ; les inférieures pétiolées ; fleurs jaunes. Se trouve fur les hau-

teurs de Meudon, & à Brunois, près les Camaldules. Fleurit en Juin & Juillet.

—3 LYCHNITIS. Feuilles oblongues en forme
de coin ; fleurs jaunes. Fleurit *idem.*

Var. — *Flore albo.* Fleurs blanches.

—4 NIGRUM. *Bouillon noir.* Feuilles oblongues, en cœur & pétiolées ; fleurs jaunes. Se
trouve fur le bord des chemins & foffés à Brunois, à Grosbois, & ailleurs. Fleurit *idem.*

—5 BLATTARIA. *Blattaire* ou *herbes aux mi-
tes.* Feuilles oblongues, glabres & embraffant
la tige ; péduncules folitaires ; fleurs jaunes.
Fleurit en Mai & Juin.

Var. — *Alba.* Fleurs blanches.

————————

86 DATURA. Corolle en entonnoir & pliffée ; calice tubulé, anguleux, caduque ; capfule
à quatre loges.

—1 STRAMONIUM. *Pomme épineufe.* Fruit
épineux, droit, ovale ; feuilles ovales & glabres ; fleurs blanches. Se trouve dans tous les
endroits cultivés. Fleurit en Juillet & Août.

————————

87 HYOSCYAMUS. Corolle en entonnoir
obtus ; étamines inclinées ; capfule à deux loges, s'ouvrant en trayers.

—1 NIGER. *Jufquiame.* Feuilles amplexi-

caules & finuées ; fleurs feffiles , jaunâtres.
Fleurit en Juin & Juillet.

—————

88 ATROPA. Corolle campanulée ; étamines écartées entr'elles ; baie fphérique à deux
loges.

—1 BELLADONNA. *Belladone.* Tige velue ;
feuilles ovales, entieres ; fleurs noires. Se trouve
à la Gâre, à Joyenval, Chantilly, Creil &
Compiegne. Fleurit tout l'été.

—————

89 PHYSALIS. Corolle en roue ; étamines
conniventes ; baie renfermée dans un calice enflé, imitant une veffie ; baie à deux loges.

— ALKEKENGI. *Coquerete* ou *Alkekenge.*
Feuilles réunies deux à deux, entieres & aiguës ; tige un peu rameufe dans fa partie
inférieure ; fleurs d'un blanc fale. Fleurit en
Juin & Juillet.

—————

90 SOLANUM. Corolle en roue ; anthères
réunies en un feul corps, ayant leur fommet
percé de deux pores ; baie à deux loges.

—1 DULCAMARA. *Douce amere* ou *Vigne de
Judée.* Tige longue & grêle, ligneufe &
grimpante ; feuilles fupérieures en fer de pique ; fleurs en bouquets, dont les péduncules

inférieurs font difpofés en ombelle ; fleurs vio-
lctes. Fleurit tout l'été.

Il y a trois variétés ; la premiere tachetée ,
la feconde velue , & la troifieme à fleurs
blanches.

—2 NIGRUM. *Morelle.* Tige herbacée ; feuilles ovales , dentées , anguleufes ; grappes de
fleurs pendantes & placées de deux côtés oppofés ; fleurs blanches. Fleurit en Juillet , Août
& Septembre.

Var. — *Hirfutum fructu rubro.* Morelle velue
à fruit rouge.

—3 TUBEROSUM. *Pomme de terre.* Tige herbacée ; feuilles aîlées à pinnules très-entieres ;
péduncules légerement fendus ; fleurs blanches.
Fleurit en Juin.

Il y a plufieurs variétés de cette plante, qui fe
diftinguent par les racines.

---

91 LYCIUM. Corolle tubulée , fermée par
les poils dont les filamens des étamines font
garnis ; baie à deux loges & à plufieurs femences.

—1 EUROPÆUM. *Jafminoïde.* Tige épineufe ;
feuilles obliques ; rameaux déliés & flexibles.
Se trouve dans les haies & buiffons entre Paffy
& Auteuil , & ailleurs ; fleurs d'un rouge pâle.
Fleurit tout l'été.

92 RHAMNUS. Calice tubulé; étamines recouvertes par de petites écailles qui tiennent
lieu de pétales ; fruit en forme de baie.

—1 CATHARTICUS. *Nerprun.* Tige garnie
d'épines terminales ; fleurs à quatre découpures , plus longues , ou aussi longues que le
tube du calice ; feuilles ovales, & finement
dentées ; fleurs d'un blanc sale. Se trouve dans
les bois. Fleurit en Mai.

—2 FRANGULA. *Bourdaine.* Tige non épi-
neuse ; feuilles très-entieres ; fleurs d'un blanc
sale. Fleurit *idem.*

93 EVONIMUS. Corolle à cinq pétales ;
capsule à cinq angles & à cinq loges , s'ouvrant
en cinq valves , & colorée ; semences entourées
d'une pulpe.

—1 EUROPÆUS. *Fusain* ou *Bonnet de prêtre.*
Fleurs sessiles , la plupart à quatre divisions;
fleurs d'un blanc sale. Fleurit en Avril.

94 RIBES. Cinq pétales portant les étamines
& insérés sur le calice ; style à deux divisions;
baie polysperme , inférieure à la corolle.

—1 RUBRUM. *Groseillier rouge.* Grappes pendantes ; fleurs un peu planes & jaunâtres ; fruit
rouge. Fleurit en Avril.

Var. Fruit blanc.

—2 NIGRUM. *Caſſis.* Grappes de fleurs velues , fleurs oblongues & purpurines. Fleurit
idem.

—3 GROSSULARIA. *Groſeillier à maquereaux.*
Pétioles garnis de cils , baie velue ; fleurs d'un
blanc ſale. Fleurit en Mars & Avril.

—4 UVA CRISPA. *Vrai Groſeillier.* Baies glabres ; péduncules garnis de braɑées d'une ſeule
piece. Se trouve communément dans les bois
pierreux & montagneux , & ſur les murailles
des anciens édifices ; fleurs d'un blanc ſale.
Fleurit *idem.*

---

95 HEDERA. Cinq pétales oblongs ; baie à
cinq ſemences , entourée par le calice.

—1 HELIX. *le Lierre à cautere.* Feuilles , les
unes ovales, les autres à pluſieurs lobes ; fleurs
d'un blanc ſale. Fleurit en Septembre , Oɑo-
bre & Novembre.

---

96 VITIS. Pétales réunis par leur ſommet & prompts à ſe flétrir ; baie à cinq ſemences , ſupérieure à la corolle.

—1 VINIFERA. *Vigne.* Feuilles lobées , ſinuées & nues ; fleurs d'un blanc ſale. Fleurit
en Mai. Il y a beaucoup de variétés de cette

plante , qui ne fe diftinguent que par leurs fruits.

—2 LACINIOSA. *La Ciota.* Feuilles quinées, dont chaque divifion eft découpée en plufieurs parties ; fleurs d'un blanc fale. Fleurit *idem.*

———

97 ILLECEBRUM. Calice cartilagineux à cinq feuilles ; corolle nulle ; ftigmate fimple ; capfule à cinq valves , & à une feule femence.

—1 VERTICILLATUM. Fleurs verticillées & nues ; tige couchée ; fleurs blanches. Se trouve à Montfort-l'Amaury , & prefque dans toutes les mares de la forêt de Fontainebleau. Fleurit prefque tout l'été.

———

98 THESIUM. Calice d'une feule piece , portant les étamines ; une femence inférieure au calice.

—1 LINOPHYLLUM. Fleurs difpofées prefque en panicule ; feuilles alternes & linéaires , dont les fupérieures accompagnent la panicule ; fleurs blanches. Se trouve , buttes de Seve , Mont-Valérien , peloufe d'Avron , au Château Frayé & ailleurs. Fleurit tout l'été.

———

99 VINCA. Corolle contournée , ayant deux de fes divifions droites ; femences nues.

—1 MINOR. *Petite Pervenche.* Tige couchée, feuilles lancéolées-ovales ; fleurs pédunculées & bleues. Se trouve dans presque tous les bois. Fleurit en Mai.

DYGYNIE.

Deux styles.

100 ASCLEPIAS. Corolle contournée ; cinq nectaires ovales & concaves, ayant une saillie en forme de petite corne.

—1 VINCETOXICUM. *Dompte venin.* Feuilles ovales, barbues à leur base ; tige droite ; fleurs blanches. Se trouve dans les bois. Fleurit en Mai.

101 HERNIARIA. Calice de cinq feuilles ; corolle nulle ; cinq filamens stériles entre les étamines ; capsule à une seule semence.

—1 GLABRA. *Herniole* ou *Turquete glabre.* Se trouve dans les champs sablonneux ; fleurs de la même couleur que la plante. Fleurit tout l'été.

—2 HIRSUTA. *Turquete velue.* Elle n'est peut-être qu'une variété de la précédente ; fleurs de la même couleur que la plante. Fleurit *idem.*

102 CHENOPODIUM. Calice à cinq découpures formant cinq angles saillans ; corolle

nulle; une femence lenticulaire, fupérieure au calice.

––––––––––––

Feuilles anguleufes.

—1 BONUS HENRICUS. *Le bon Henri.* Feuilles en fer de fleche & triangulaires, très-entieres en leurs bords; fleurs en grappes, compofées d'autres grappes plus petites, axillaires, & fans feuilles qui les accompagnent; fleurs d'un blanc fale. Ne fe trouve que le long des murailles des villages. Fleurit au printemps & en automne.

—2 RUBRUM. Feuilles triangulaires, échancrées en cœur, un peu obtufes & dentées ; grappes de fleurs droites, compofées, un peu garnies de feuilles & plus courtes que les feuilles de la tige; fleurs d'un blanc fale. Cette plante fe plait le long des ruiffeaux & foffés, où coulent & féjournent des eaux infeCtes. Fleurit en Août & Septembre.

—3 MURALE. *Patte d'oie.* Feuilles ovales, luifantes, dentées & aiguës ; grappes de fleurs rameufes & dénuées des feuilles ; fleurs d'un blanc fale. Fleurit en été & en automne.

—4 ALBUM. Feuilles en rhomboïde, dont l'angle inférieur eft très-obtus, dentées irrégulierement, entieres en leur bord inférieur, & celles du fommet allongées ; grappes de fleur

droites ; fleurs d'un blanc fale. Fleurit tout
l'été.

—5 VIRIDE. Feuilles rhomboïdales , finuées ;
grappes de fleur rameufes , un peu garnies de
feuilles. (Ce n'eft peut-être qu'une variété de
la précédente.) Fleurs d'un blanc fale. Fleurit *idem*.

—6 HYBRIDUM. Feuilles en cœur , ayant plufieurs faillies en angles aigus ; grappes de fleurs
rameufes & dénuées de feuilles ; fleurs d'un
blanc fale. Se trouve dans les endroits cultivés. Fleurit en Juillet & Août.

—7 GLAUCUM. Feuilles ovales , oblongues ,
finuées en leurs bords ; grappes de fleurs dénuées
de feuilles , fimples & arrondies. (Fleurs d'un
blanc fale.) Fleurit *idem*. Se plaît dans les mêmes lieux que le *rubrum*.

Feuilles entieres.

—8 VULVARIA. *Arroche puante* ou *Vulvaire.*
Feuilles très-entieres en rhomboïde , tirant fur
l'ovale , fleurs ramaffées & axillaires. Fleurs
d'un blanc fale. Se trouve le long des chemins ,
foffés & murs des villages. Fleurit en Juillet
& Août.

—9 POLYSPERMUM. Feuilles très-entieres &
ovales; tigecouchée ; grappes de fleurs fourchues,

axillaires & dénuées de feuilles ; fleurs d'un blanc fale. Se trouve à la Gâre , dans les foffés & ornieres où l'eau a féjourné l'hiver. Fleurit en Juin & Juillet.

———

103 BETA. Calice à cinq feuilles ; corolle nulle ; fruit en forme de rein , renfermé dans la bafe du calice.

—1 VULGARIS. *Béte* ou *Poirée.* Fleurs ramaffées en peloton ; folioles du calice dentées à leur bafe ; fleurs couleur de la plante. Se trouve dans les environs des villages. Fleurit en Juin.

———

104 ULMUS. Calice à cinq divifions ; corolle nulle ; fruit comprimé & membraneux.

—1 CAMPESTRIS. *Ormes.* Feuilles dont une moitié dépaffe l'autre inférieurement, & bordées de dents alternativement plus grandes & plus petites. Fleurs d'un blanc fale.

Var. Feuilles larges.

———

105. GENTIANA. Corolle monopétale ; capfule à deux valves & une feule loge ; deux réceptacles longitudinaux.

— 1 PNEUMONANTHE. *Gentiane des marais.* Corolles à cinq divisions, campanulées, oppofées & pédunculées ; feuilles linéaires. Commune à la queue de l'étang d'Enghien & auffi, forêt de Senart, au Poteau de l'Hermitage, à *Fontainebleau* & ailleurs ; fleurs bleues. Fleurit en Août & Septembre.

—2 NIVALIS. Corolle en entonnoir, à cinq divifions ; rameaux alternes, chargés d'une feule fleur ; fleurs bleues. (Nous doutons fi c'eft la plante de Linnæus.) Se trouve à Fontainebleau. Fleurit en Février & quelquefois en Mars.

—3 CENTAURIUM. *Petite Centaurée.* Corolle en entonnoir à cinq divifions ; tige formant des bifurcations continues ; piftil fimple , fleurs rougeâtres , très-ameres au goût. Fleurit en Juillet & Août.

Var. Fleurs blanches.

—4 AMARELLA. Corolle à cinq divifions, garnie de poils à fon entrée ; fleurs bleues. Se trouve à Saint-Germain & Compiegne. Fleurit en Août & Septembre.

—5 CRUCIATA. *Gentiane croifete.* Corolle à quatre divifions, fans poils à fon entrée ; fleurs verticillées , feffiles & bleues. Très - commune à la garenne de Canneville , proche Creil, à Compiegne, & à Fontainebleau , fur la berge de la montagne à gauche , en defcendant à Bouron. Fleurit en Juillet & Août.

—6 **FILIFORMIS.** Corolle à quatre divisions; tige formant des bifurcations & déliée comme un fil; fleurs jaunes. Très-commune dans les allées & ornieres de la forêt de Senart & de Fontainebleau, & autour de l'étang de Saint-Hubert. Fleurit en Juillet & Août.

OMBELLIFERES.

106 **ERYNGIUM.** Fleurs ramassées en tête, réceptacle chargé de paillettes.

—1 **PLANUM.** Feuilles radicales, ovales, planes, crénelées; têtes de fleurs pédunculées, de couleur bleue améthiste. Se trouve à Lonjumeau. Fleurit en Juin & Juillet.

—2 **CAMPESTRE.** *Panicaut ou Chardon Rolland.* Feuilles radicales amplexicaules, ailées & lancéolées; fleurs d'un blanc sale. Fleurit *idem.*

107 **HYDROCOTYLE.** Ombelle simple; collerette de quatre feuilles; pétales entiers; femences femi-orbiculaires & comprimées.

—1 **VULGARIS.** *Ecuelle d'eau.* Feuilles dont le pétiole s'insere sur le milieu de leur surface inférieure; ombelle de cinq fleurs. Fleurs jaunâtres. Se trouve dans tous les bois & prés marécageux. Fleurit en Juin & Juillet,

108 SANICULA. Ombelle ferrée , un peu globuleufe, fruit hériffé de pointes. Les fleurs du difque avortent.

—1 EUROPÆA. *Sanicle.* Feuilles radicales, fimples ; toutes les fleurs feffiles & d'un blanc fale. Se trouve dans tous les bois. Fleurit en Juin & Juillet.

109 BUPLEVRUM. Collerettes des ombelles partielles à cinq feuilles remarquables par leur grandeur ; pétales roulés. Fruit un peu arondi, comprimé & ftrié.

—1 ROTUNDIFOLIUM. *Perce-feuille.* Collerette univerfelle nulle ; collerettes partielles ovales , terminées en pointe aiguë , feuilles perfoliées. Très-commune dans les endroits cultivés de Charenton , & à Saint-Maur fur la montagne qui borde la marne ; fleurs jaunes. Fleurit en Juin & Juillet.

—2 FALCATUM. *Oreille de lievre.* Collerettes partielles aiguës ; feuilles lancéolées ; tige fléchie en zig-zag ; fleurs d'un jaune foncé. Se trouve dans les haies & foffés des bois. Fleurit en Juillet , Août & Septembre.

—3 TENUISSIMUM. Ombelles fimples , alternes , compofées de trois fleurs ; collerette univerfelle de trois feuilles ; collerettes partielles déliées & très-courtes ; fleurs jaunes. Se trouve à Viroflée, & eſt très-commune ſur le bord du Château Frayé. Fleurit en Août.

—4 JUNCEUM. Tige droite, paniculée ; feuilles linéaires ; collerette univerſelle de trois feuilles ; fleurs jaunes. Se trouve ſur le bord des chemins & foſſés, à Neaufle. Fleurit *idem.*

110 TORDYLIUM. Pétales extérieurs, plus grands que les intérieurs. Toutes les fleurs biſſexuelles ; fruit un peu orbiculaire, crenelé en ſon bord ; collerettes longues, ayant leur folioles ſans diviſions.

—1 ANTHRISCUS. Ombelles ferrées, folioles ovales, lancéolées & ailées ; feuilles ſupérieures, ayant leurs folioles terminales, allongées & pointues ; fleurs ſouvent rougeâtres. Se trouve dans les haies. Fleurit en Juillet & Août.

Var. — *Segetum.* Fleurs blanches.

—2 NODOSUM. Ombelles ſimples, feſſiles ; femences hériſſées d'un côté ; fleurs d'un blanc fale. Se trouve ſur le bord des chemins & foſſés. Fleurit en Juin & Juillet.

111. CAUCALIS. Pétales exterieurs plus grands que les interieurs ; fleurs d'un diſque ſimplement mâles ; pétales échancrés ; fruit

hériffé de poils roides ; collerettes ayant leurs folioles fans divifions.

—1 GRANDIFLORA. *Caucalide à grandes fleurs.* Toutes les collerettes à cinq folioles , dont une eft le double des autres en longueur ; pétales exterieurs remarquables par leur grandeur. Se trouve dans les moiffons, à Romainville, Lonjumau & Antoni. Fleurit en Juillet & Août.

—2 LATIFOLIA. Ombelle univerfelle à trois rayons; ombelles partielles de cinq fleurs; feuilles ailées & dentées en fcie. (*Tordylium latifolium. fpec. pl.*) Fleurs rouges. Très-commune dans les moiffons entre le Château Frayé & les Bergeries, & ailleurs. Fleurit en Juin.

—3 LEPTOPHYLLA. *Caucalide laiteux.* Collerette univerfelle prefque nulle; ombelle à deux rayons ; collerettes partielles de cinq feuilles ; folioles finement découpées ; fleurs d'un blanc fale. Commune dans toutes les moiffons. Fleurit *idem.*

—4 DAUCOIDES. Ombelle à trois rayons , fans collerette univerfelle , ou n'en ayant qu'une très-petite d'une feule feuille ; ombelles partielles à trois rayons & à trois fruits; fleurs rougeâtres. Je n'ai jamais trouvé cette plante qu'à Sainte-Affife , dans les moiffons, où elle eft très-commune.

111. DAUCUS.

112 **DAUCUS.** Pétales extérieurs un peu plus grands que les intérieurs ; toutes les fleurs biſſexuelles ; fruit hériſſé de poils.

—1 CAROTA. *Carote.* Pétioles marqués de nervures par-deſſous ; une fleur rouge & ſtérile au centre de l'ombelle , dans la plupart des individus ; fleurs blanches. Fleurit tout l'été.

Il y a deux variétés ; l'une dont la racine eſt jaunâtre , & l'autre dont la racine eſt rougeâtre.

—2 VISNAGA. *Herbe aux curedents.* Semences liſſes ; pétales égaux (par exception au caraĉtere générique) ; ombelle univerſelle ayant ſes folioles adhérentes par leur baſe ; feuilles très-découpées , dont les folioles ſont linéaires. (*Ammi Viſnaga.* Flor. Fr.) ; fleurs blanches. Se trouve dans les endroits cultivés à Clagny. Fleurit en Août.

113 **AMMI.** Collerette ailée ; pétales extérieurs plus grands que les intérieurs ; fruit liſſe.

—1 MAJUS. *Ammi.* Feuilles inférieures ailées , lancéolées , découpées en ſcie ; les ſupérieures partagées en pluſieurs folioles linéaires ; fleurs blanches. Très-commune, de Charenton à Saint-Maur, fur les côteaux qui bordent la Marne, & à Bondy, en face du château. Fleurit en Juillet.

—2 GLAUCIFOLIUM. *Petit Ammi.* Toutes les découpures des feuilles lancéolées. Cette plante habite les mêmes lieux que la précédente. Selon moi, ce n'eft peut-être qu'une variété ; fleurs blanches. Fleurit *idem.*

114 BUNIUM. Corolle irréguliere ; ombelle très-garnie ; fruit ovale.

—1 BULBOCASTANUM. *Terre-noix.* Cette plante eft très-commune dans les prés & moiffons de la butte Saint-Chaumont, du côté de Montfaucon, & dans un terrain cultivé, en face des Moulineaux. Fleurit en Mai & Juin ; fleurs blanches.

115 CONIUM. Collerettes partielles, compofées de deux feuilles convexes, formant comme une gaîne fendue en deux, fouvent avec une troifieme foliole très-petite ; fruit un peu globuleux, chargé de cinq ftries crenelées.

—1 MACULATUM. *La Ciguë ordinaire.* Tige fouvent chargée de tâches noirâtres ou rougeâtres ; fleurs blanches. Fleurit en Juin & Juillet.

116 SELINUM. Fruit ovale-oblong, comprimé, chargé de ftries en fon milieu; collerette refléchie; pétales égaux, échancrés en cœur.

—1 PALUSTRE. *Perfil laiteux.* Tige un peu laiteufe, ne jetant qu'une feule racine; découpures des feuilles étroites & linéaires; fleurs d'un blanc fale. Très-commune dans tous les prés humides. Fleurit à la fin de Mai.

117 ATHAMANTA. Fruit ovale-oblong, ftrié; pétales échancrés & refléchis.

—1 CERVARIA. Feuilles aîlées, inférées deux à deux fur un point commun, incifées & anguleufes; femences nues; fleurs d'un blanc tirant fur le jaune. Se trouve à Fontainebleau. Fleurit en Juillet & Août.

—2 OREOSELINUM. *Perfil des montagnes.* Folioles formant entr'elles des angles très-obtus. Cette plante eft commune au mont Valérien, à Saint-Prix, au bois de Chatou, à Fontainebleau. Fleurit *idem;* fleurs *idem.*

118 PEUCEDANUM. Fruit ovale, ftrié de part & d'autre, entouré d'un rebord; collerette très-courte.

D ij

—1 OFFICINALE. *Queue de pourceau.* Feuilles partagées cinq fois de fuite en trois divifions déliées & linéaires ; fleurs jaunâtres. Se trouve fur le bord des allées & foffés des bois. Fleurit en Août.

—2 SILAUS. *Saxifrage des Anglois ou des Anciens.* Feuilles aîlées ayant leurs découpures oppofées ; collerette univerfelle de deux feuilles; fleurs jaunâtres. Se trouve dans tous les prés bas. Fleurit tout l'été.

———

119 HERACLEUM. Fruit elliptique , échancré , comprimé , ftrié , entouré d'une membrane ; corolle irréguliere ; pétales recourbés & échancrés ; collerette non perfiftante.

—1 SPHONDYLIUM. La *Berce* ou *fauffe Branc-urfine.* Feuilles liffes & aîlées; fleurs uniformes & blanches. Fleurit en Juillet, Août & Septembre.

———

120 ANGELICA. Fruit oblong , arondi, chargé d'arrêtes , & folide; ftyle refléchi; corolle réguliere ; pétales recourbés.

—1 SYLVESTRIS. *Angélique fauvage.* Folioles égales & fans lobes , ovales-lancéolées , denrées en fcie; fleurs blanches. Se trouve dans les bois. Fleurit en Juillet & Août.

121 SIUM. Fruit un peu ovale & ftrié ; collerette de plufieurs feuilles ; pétales en cœur.

—1 LATIFOLIUM. *Grande Berle.* Feuilles aîlées ; ombelles terminales ; fleurs blanches. Je n'ai jamais trouvé cette plante qu'à la Gare, où elle eft très-commune. Fleurit en Juillet & Août.

—2 ANGUSTIFOLIUM. *Berle à feuilles étroites.* Feuilles aîlées ; ombelles axillaires & pédunculées ; collerette univerfelle aîlée. On trouve une defes variétés prefque dans tous les ruiffeaux & petites rivieres ; mais je n'ai jamais trouvé la vraie efpece qu'à Montmorency, foffés du château *de la Chaffe* ; fleurs blanches. Fleurit en Juillet & Août.

—3 NODIFLORUM. *Petite Berle.* Feuilles aîlées ; ombelles axillaires, mais feffiles ; fleurs blanches. Se trouve dans tous les ruiffeaux. Fleurit *idem.*

—4 FALCARIA. *Berle en fer de faux.* Feuilles linéaires courantes fur la tige & connées ; fleurs blanches. Cette plante eft très-commune dans les moiffons du Bourg-la-Reine. Fleurit en Juin & Juillet.

—5 REPENS. *Berle rampante.* Tige rampante ; fleurs blanches. Commune à la queue de l'étang d'Enguien, en face des murs du parc de Saint-

Gratien. Fleurit en Juin, Juillet & Août.

— — —

122 SISON. Fruit ovale, ftrié; collerette de trois ou quatre feuilles.

—1 AMOMUM. *Amomon.* Feuilles aîlées; ombelles droites; fleurs blanches. Se trouve aux buttes de Sêve, aux environs de la ménagerie de Verfailles, & à Clagny. Fleurit en Juillet & Août.

—2 SEGETUM. Feuilles aîlées; ombelles penchées; fleurs jaunâtres. Cette plante eft commune fur le bord des chemins à Montmorency. On la trouve auffi en grande quantité fur le bord des chemins au-deffus d'Hieres. Fleurit en Juillet & Août.

—3 INUNDATUM. Tige rampante; ombelle de deux ou trois rayons; fleurs jaunâtres. Cette plante eft très-commune dans une mare en face du moulin des *Planets*, & dans toutes les mares de la forêt de Fontainebleau. Fleurit en Juin & Juillet.

—4 VERTICILLATUM. Feuilles capillaires & verticillées; fleurs blanches. Cette plante eft, on ne peut plus commune, dans les bois & endroits humides de Saint-Hubert, de Saint-Léger & Rambouillet. Fleurit en Juillet & Août.

123 ŒNANTHE. Fleurs irrégulieres ; celles du difque font feffiles , & fouvent ftériles ; fruit couronné par le calice & par les ftyles qui font perfiftants.

—1 FISTULOSA. *Filipendule aquatique.* Tige pouffant des rejets ; feuilles aîlées , finement découpées , ayant leurs pétioles fiftuleux ; fleurs blanches. Se trouve dans tous les prés & les foffés humides. Fleurit en Juin & Juillet.

—2 CROCATA. Toutes les feuilles font divifées & à découpures obtufes. La plante fournit un fuc jauniffant. Se trouve dans les environs de Verfailles. Fleurit *idem* ; fleurs blanches.

—3 PIMPINELLOIDES. *Filipendule des marais.* Folioles des feuilles radicales en forme de coin & incifées ; folioles des feuilles de la tige linéaires , très-longues & fimples ; fleurs blanches. Se trouve dans tous les prés. Fleurit *idem.*

124 PHELLANDRIUM. Fleurs du difque plus petites que celles de la circonférence ; fruit ovale , liffe , couronné par le calice & par le piftil.

—1 AQUATICUM. *Ciguë aquatique.* Ramifications des feuilles faifant entre elles des an-

D iv

gles très-ouverts ; fleurs blanches. Commune dans les mares. Fleurit en Juin & Juillet.

Il y a une variété qui fe trouve communément dans la riviere de Crône & ailleurs.

---

125 ÆTHUSA. Collerettes partielles , compofées de trois folioles pendantes ; fruit ftrié.

—1 CYNAPIUM. *Petite Ciguë.* Feuilles de la racine & de la tige femblables entr'elles ; fleurs blanches. Se trouve dans les endroits cultivés. Fleurit en Août & Septembre.

---

126. CORIANDRUM. Corolle ayant les pétales exterieurs , plus grands que les intérieurs ; pétales courbés & échancrés ; collerette univerfelle d'une feule feuille ; fruit fphérique.

—1 SATIVUM. *Coriandre.* Odeur forte & défagréable ; fleurs blanches. Commune dans les endroits cultivés , notamment plaine Saint-Denis. Fleurit en Juin , Juillet & Août.

---

127 SCANDIX. Pétales exterieurs plus grands que les intérieurs ; fruit en forme de fer d'alène ; pétales échancrés ; fleurs du difque fouvent dépourvues de piftils.

—1 PECTEN. *Peigne de Vénus.* Fruit très-allongé ; fleurs blanches. Se trouve dans les moiſſons. Fleurit tout l'été.

—2 CEREFOLIUM. *Cerfeuil.* Semences luiſantes, ovales & terminée en fer d'alène ; ombelles latérales & feſſiles. Fleurs blanches. Fleuſit tout l'été.

—3 ANTHRISCUS. *Perſil ſauvage.* Semences ovoïdes, hériſſées de poils ; corolle réguliere tige liſſe ; fleurs blanches. Croît ſur preſque toutes les anciennes murailles & dans les foſſés. Fleurit en Avril & Mai.

—4 NODOSA. Semences un peu cylindriques & hériſſées de poils ; tige velue ayant des articulations renflées ; fleurs blanches. Se trouve dans les boſquets des parcs & jardins. Fleurit en Mai & Juin.

———————

128 CHŒROPHYLLUM. Collerette réflé-chie & concave ; pétales courbés & en cœur fruit oblong & liſſe.

—1 SYLVESTRE. *Perſil d'aſne.* Tige liſſe, ſtriée, un peu renflée à ſes articulations ; fleurs blanches. Fleurit en Avril. (Dans les haies.)

—2 TEMULUM. *Perſil d'aſne dangereux.* Tige hériſſée d'aſpérités, ſenſiblement renflée à ſes articulations. Fleurs blanches ; fleurit en Juin & Juillet.

129. SESELI. Ombelle globuleufe ; collerette d'une ou deux feuilles ; fruit ovoïde & ftrié.

——1 MONTANUM. *Seſeli.* Pétioles ramifiés, membraneux, oblongs, fans échancrures ; feuilles de la tige très-étroites ; fleurs blanches. Cette plante eft commune dans les environs du Château *Frayé*, bois de la Grange, & à Sêve. Fleurit en Juillet & Août.

——2 GLAUCUM. Pétioles ramifiés, membraneux, oblongs, fans échancrures ; folioles, les unes folitaires, les autres géminées : elles font liffes, creufées en gouttiere, & plus longues que les pétioles ; fleurs blanches. Cette plante eft commune aux fourches patibulaires de Villeneuve Saint-George, & dans les bois du Griffon. Fleurit *idem*.

——3 ANNUUM. Pétioles ramifiés, membraneux, ventrus & échancrés ; fleurs blanches. Se trouve à Fontainebleau. Fleurit en Juillet & Août.

——4 ELATUM. Tige longue & grêle, chargée de callofités à fes articulations ; feuilles deux fois ailées, ayant leurs pinnules linéaires & diftantes ; fleurs blanches. Se trouve à Fontainebleau. Fleurit *idem*.

130. PASTINACA. Fruit ovale & aplati ; pétales roulés, fans échancrures.

—1 SATIVA. *Panais cultivé.* Feuilles fimplement ailées ; fleurs jaunes. Fleurit en Juin & Juillet. Var. — *Sylveftris.* Panais fauvage.

---

131 SMYRNIUM. Fruit oblong , ftrié ; pétales aigus , relevés en carêne.

—1 OLUSATRUM, *Maceron.* Feuilles de la tige ternées, pétiolées , dentées en fcie ; fleurs jaunes. Se trouve dans les endroits cultivés , à Charonne & à Brunois. Fleurit en Mai & Juin.

---

132 ANETHUM. Fruit un peu ovale , comprimé & ftrié ; pétales repliés fur eux-mêmes & fans échancrures.

—1 GRAVEOLENS. *Fenouil puant.* Fruit fenfiblement applati ; fleurs jaunes. Se trouve dans les endroits cultivés. Fleurit en Juillet.

—2 FŒNICULUM. *Fenouil* ou *Anis doux.* Fruit un peu ovoïde ; fleurs jaunes. Se trouve affez communément , & fur-tout dans les cimétieres des campagnes. Fleurit *idem.*

—3 SEGETUM. *Anis des moiffons.* Feuilles de la tige , au nombre de trois : fruit ovoïde ; fleurs jaunes. Fleurit *idem.*

---

133 CARUM. Fruit ovale - oblong & ftrié ; collerette d'une feule piece ; pétales relevés en

carêne, courbes & échancrés.

—1 CARVI. *Carvi.* Fleurs blanches. Se trouve à Meudon. Fleurit en Mai & Juin.

* * *

134 PIMPINELLA. Fruit ovale-oblong ; pétales recourbés ; ftigmates un peu globuleux.

—1 SAXIFRAGA. *Petit Boucage.* Feuilles ailées ; folioles des feuilles radicales, un peu arondies ; folioles du fommet linéaires ; fleurs blanches. Fleurit en Juillet, Août & Septembre.

—2 MAGNA. *Grand Boucage.* Toutes les folioles lobées ; folioles terminales à trois lobes ; fleurs blanches. Commun forêt de Montmorency. Fleurit *idem.*

—3 GLAUCA. Feuilles plufieurs fois compofées ; tige anguleufe & très-rameufe ; fleurs blanches. Se trouve fur les bords des foffés des bois. Fleurit *idem.*

* * *

135 APIUM. Fruit ovale, ftrié ; collerette d'une feule piece ; fleurs régulieres.

—1 PETROSELINUM. *Perfil.* Feuilles de la tige linéaires ; collerettes partielles très-pétites ; fleurs jaunes. Fleurit tout l'été.

—2 GRAVEOLENS. *Ache des marais.* Feuilles de la tige en forme de coin ; fleurs jaunes. Fleurit *idem.*

126 ÆGOPODIUM. Fruit ovale - oblong & ftrié.

—1 PODOGRARIA. *La Podagre.* Feuilles fupérieures ternées. Se trouve à peu de diftance du dernier bâtiment de la machine de Marly. Fleurs blanches. Fleurit en Juillet & Août.

TRIGYNIE.

Trois ftyles.

137 VIBURNUM. Calice & corolle à cinq divifions ; ovaire inférieur, qui devient une baie à une feule femence.

—1 LANTANA. *La Mentiane.* Feuilles en cœur, dentées en fcie, veinées & cotoneufes en deffous ; fleurs blanches. Se trouve dans les bois. Fleurit en Mai.

—2 OPULUS. *Aubier.* Feuilles lobées ; pétioles glanduleux ; fleurs blanches. Fleurit *idem.*

138 SAMBUCUS. Calice & corolle à cinq divifions ; baie à trois femences.

—1 EBULUS. *Hieble.* Grappes de fleurs partagées en trois, ftipules en forme de feuilles ; tige herbacée ; fleurs blanches. Fleurit en Juin & Juillet.

—2 NIGRA. *Sureau ordinaire.* Grappes de fleurs partagées en cinq; feuilles ailées , ayant leurs folioles un peu ovales & dentées; tige arborefcente. Fleurit *idem.*

139 CORRIGIOLA. Calice de cinq feuilles; corolle à cinq pétales; une femence à trois angles.

—1 LITTORALIS. *Polygonum aquatique.* Tiges couchées & difpofées en rond ; fleurs blanches, très-petites , ramaffées en tête à l'extrêmité des rameaux. Se trouve dans les foffés de la plaine des Sablons , dans un chemin fabloneux de Saint-Léger , aux *Planets* à Fontainebleau. Fleurit en Juin , Juillet & Août.

140. ALSINE. Calice de cinq feuilles ; cinq pétales égaux ; capfule à une feule loge & à trois valves.

—1 MEDIA. *Mouron des oifeaux.* Pétales fendus en deux ; feuilles ovales en cœur ; fleurs blanches. Fleurit toute l'année.

—2 SEGETALIS. Pétales entiers ; feuilles en fer d'alène : fleurs d'un blanc fale. Se trouve dans les moiffons , à Rouffigny & Saint-Hubert. Fleurit en Juin & Juillet.

TETRAGYNIE.

Quatre ſtyles.

141 PARNASSIA. Calice à cinq diviſions , cinq pétales ; cinq nectaires en cœur , bordés de cils , ayant leurs ſommets globuleux ; cap- ſule à quatre valves.

—1 PALUSTRIS. Tige dont la partie moyenne porte une feuille amplexicaule ; pétales blancs , rayés de gris. Se trouve dans les prés humi- des & les marais des bois. Fleurit en Juillet, Août & Septembre.

142 STATICE. Calice d'une ſeule piece , entier , pliſſé & ſcarieux ; cinq pétales ; une ſemence ſupérieure à la corolle.

—1 ARMERIA. *Gaʒon d'Olympe* ou *Sept têtes.* Hampe ſimple , fleurs en tête ; feuilles linéai- res ; fleurs rouges. Fleurit en Juillet & Août.

143 LINUM. Calice à cinq feuilles ; cinq pétales ; capſules à cinq valves & à dix loges ; ſemences ſolitaires.

—1 Usitatissimum. *Lin ordinaire.* Calices & capfules terminés en pointes aiguës ; pétales crenelés ; feuilles alternes & lancéolées ; fleurs bleues. Se trouve dans les endroits cultivés. Fleurit tout l'été.

Var. — *humile.* Tige baffe à grandes fleurs bleues.

—2 Perenne. Calices & capfules obtus; feuilles alternes, très-entieres & en fer de lance; fleurs bleues. Se trouve à Fontainebleau, *Mail d'Henry IV*, au petit & au grand Mont-Sauvet. Fleurit en Juillet.

—3 Tenuifolium. Calices terminés en pointes aiguës ; feuilles éparfes , déliées comme une foie, & âpres fur leur furface inférieure; fleurs bleues. Se trouve à Franchard. Fleurit en Juin.

Feuilles oppofées.

—4 Catharticum. *Lin purgatif.* Feuilles ovales lancéolées ; tige fourchue , corolles aiguës, pendantes avant la floraifon ; fleurs blanches. Se trouve dans les prés , peloufes & gazons.

—5 Radiola. Tige fourchue ; corolle à quatre pétales , quatre étamines & quatre ftyles, (par exception au caractere générique ;) fleurs de la couleur de la plante. Se trouve dans les foffés & allées des bois. Fleurit *idem.*

144 DROSERA. Calice à cinq diviſions; cinq pétales; capſule à une ſeule loge, qui s'ouvre par ſon ſommet, en cinq valves; ſemences nombreuſes.

—1 ROTUNDIFOLIA. *Roſſoli* ou *Roſée du ſoleil.* Feuilles hériſſées de poils rouges & glanduleux, arrondies & pétiolées; fleurs d'un blanc ſale. Se trouve dans les marais & ruiſſeaux des bois. Fleurit en Juin & Juillet.

—2 LONGIFOLIA. *Roſſoli* ou *Roſée du ſoleil à feuilles longues.* Feuilles hériſſées de poils rouges & glanduleux, allongées, & ſe retreciſſant inſenſiblement en pétiole; fleurs d'un blanc ſale. Se trouve aux marais des Planets, à Saint-Léger. Fleurit *idem.*

145 CRASSULA. Calice de cinq feuilles; cinq pétales; cinq écailles autour de la baſe de l'ovaire; cinq càpſules dans chaque fleur.

—1 RUBENS. *Sedum rouge.* Feuilles diminuant inſenſiblement d'épaiſſeur, & un peu comprimées; bouquet de fleurs partagé en quatre & accompagné de feuilles; fleurs ſeſſiles; étamines réfléchies. (*Sedum rubens ſpec. pl.*) Fleurs d'un blanc ſale. Se trouve communément dans les vignes. Fleurit en Juin.

POLIGYNIE.

Styles nombreux.

146 MYOSURUS. Calice de cinq feuilles, enveloppant en partie la bafe de l'épi formé par les ovaires ; cinq nectaires en fer d'alène, tenant lieu de pétales ; femences nombreufes.

— 1 MINIMUS. *Queue de fouris.* Toutes les feuilles radicales ; fleurs d'un blanc fale. Se trouve dans les vignes, à Ville-d'Avrai, à Montmorency au deffus *des Gorges*, & dans les moiffons, à Saint-Hubert. Fleurit en Juin.

SIXIEME CLASSE.

HEXANDRIE.

Six étamines.

MONOGYNIE.

Un feul ftyle.

147 GALANTHUS. Trois pétales exterieurs, concaves ; un nectaire compofé de trois autres pétales intérieurs, verdâtres, petits & échancrés ; ftigmate fimple.

—1 NIVALIS. *Perce-neige.* Parc de Verſailles & boſquets de Trianon. Fleurs blanches, Fleurit en Février & Mars.

---

148 NARCISSUS. Six pétales égaux ; un nectaire d'une ſeule piece, en forme de cloche allongée , renfermant les ſemences.

—1 POETICUS. Hampe chargée d'une ſeule fleur ; nectaire en roue, très-court & crenelé en ſes bords ; fleurs blanches. Se trouve dans les prés à Bievre. Fleurit en Mai.

—2 PSEUDONARCISSUS. *Faux Narciſſe.* Hampe chargée d'une ſeule fleur; nectaire droit , criſpé, égal en longueur aux pétales qui ſont ovales ; fleurs jaunes. Se trouve bois de Neuilly-ſur-Marne , à Senard & Chantilly. Fleurit en Avril.

---

149 ALLIUM. Corolle à ſix diviſions & ouverte ; hampe chargée de pluſieurs fleurs en ombelle & renfermées dans un ſpathe , avant leur épanouiſſement ; capſule ſupérieure à la corolle.

Feuilles de la tige planes , ombelle ne portant que des capſules.

—1 ROTUNDUM. Etamines ayant leurs filaméns diviſés en trois; ombelle un peu globuleuſe ; fleurs latérales penchées ; fleurs rouges ; feuilles de la tige planes ; ombelle portant des bulbes. Au pré *Saint-Gervais*. Fleurit en Juin & Juillet.

—2 SATIVUM. *Ail ordinaire*. Etamines divifées en trois ; feuilles de la tige planes ; ombelle ne portant que des capfules ; fleurs rougeâtres. Fleurit *idem*.

—3 SPHÆROCEPHALON. Feuilles demi-cylindriques ; étamines divifées en trois , & plus longues que la corolle ; fleurs rouges. Cette plante eft commune à Fontainebleau & ailleurs. Fleurit *idem*.

—4 FLAVUM. Feuilles demi-cylindriques , fleurs pendantes ; pétales ovales ; étamines plus longues que la corolle ; fleurs jaunes. Se trouve à Châtou & à Verriere. Fleurit *idem*.

—5 PALLENS. Fleurs pendantes ; pétales tronqués à leur fommet ; étamines auffi longues que la corolle. (La Flore françoife en fait une variété du précédent dont elle eft diftinguée principalement par fes fleurs , d'un jaune très-pale.) Se trouve dans les ifles des Religieux de la Charité , à Charenton. Fleurit *idem*.

—6 VINEALE. *Ail des vignes*. Ombelle portant des bulbes ; étamines divifées en trois ; fleurs rougeâtres. Commun dans les vignes & les endroits cultivés. Fleurit *idem*.

—7 OLERACEUM. Ombelle portant des bul-

bes ; feuilles chargées d'afpérités , demi-cylindriques & fillonnées en-deffous ; étamines fimples. Fleurit *idem.*

Feuilles toutes radicales ; tige nue.

—8 Ursinum. *Ail d'Ours.* Hampe triangulaire ; feuilles lancéolées & petiolées ; fleurs en
ombelle applatie ; fleurs d'un blanc de lait. Se
trouve fur le bord des ruiffeaux, forêt de Montmorency , proche le château *de la Chaffe,* & de
Sainte-Radegonde. Fleurit en Mai.

—9 Moly. Le *Moly.* Tige un peu cylindrique ; feuilles lancéolées & feffiles ; fleurs en
ombelle aplatie , & d'un beau jaune. Se trouve
dans les prés de Saint-Denis, Stain & Saint-
Cloud. Fleurit *idem.*

---

150 ORNITHOGALUM. Corolle à fix pétales,
droite , perfiftante , ouverte au-delà de fa
moitié inférieure ; filets des étamines alternativement élargis à leur bafe.

—1 Luteum. Tige anguleufe garnie de deux
feuilles ; péduncules fimples difpofés en ombelle ; fleurs jaunes intérieurement. Cette plante
eft très-commune dans les Tuileries au pied des
arbres , dans les bofquets des parcs & jardins.
Fleurit à la fin de Mars.

—2 Minimum. Tout-à-fait femblable au

précédent , fuivant Linnæus , excepté qu'il a les pétales plus aigus. Cependant d'après les phrafes qu'il cite , cette efpece eft diftinguée de l'autre par fes péduncules rameux.

—3 PYRENAICUM. *Epi de lait*. Grappe de fleur très-allongés; filets des étamines lancéolés ; péduncules des fleurs très-ouverts après l'épanouiffement de la corolle , les autres font ferrés contre l'axe de la grappe ; pétales verdâtres dans leur milieu , & d'un blanc jaunâtre en leur bord. Se trouve dans les bois à Montmorency , Neuilly-fur-Marne , Bondy & Senard. Fleurit en Juin.

—4 UMBELLATUM. *La dame d'onze heures*. Fleurs en corymbe ; péduncules plus élevés que la tige ; pétales d'un blanc de lait , tant intérieurement que fur les bords de leur furface poftérieure, dont le milieu eft vert. Se trouve bois de Ville-d'Avrai , Verrieres , à la fin du bois Jacques , queue de l'étang d'Enguien. Fleurit en mai.

---

151 SCILLA. Corolle à fix pétales , ouverte , caduque; filets des étamines cylindriques.

—1 BIFOLIA. Fleurs peu nombreufes & un peu redreffées. Cette plante eft commune à l'entrée du bois contigu à la plaine des Génevriers , en allant au poteau des Hermites dans la forêt de Senard , chemin de Brunois. Se trouve auſſi dans les bois & prairies artificielles du jardin des Camaldules ; fleurs bleues. Fleurit en Mars & Avril.

—2 AUTUMNALIS. Feuilles déliées & linéaires ; fleurs en corymbe ; péduncules nus , preſque verticaux & de la longueur de la fleur qui eſt bleue. Elle eſt commune au bois de Boulogne, du côté de Madrid. Fleurit en Septembre.

152 ANTHERICUM. Corolle à ſix pétales ouverts ; capſules ovales.

—1 RAMOSUM. Feuilles planes ; tiges rameuſes ; corolles planes ; ſtyles droits ; fleurs blanches. Dans la garenne de madame la Marquiſe de Qualin, à Fontainebleau & Compiegne. Fleurit en Juillet.

—2 LILIAGO. Feuilles planes ; hampe très-ſimple ; corolle plane ; ſtyle courbe ; fleurs blanches. Se trouve à Fontainebleau. Fleurit en Juin.

153 ASPARAGUS. Corolle à ſix diviſions & droite ; les trois pétales intérieurs refléchis par leur ſommet ; baie à trois loges & deux ſemences.

—1 OFFICINALIS. *Aſperge.* Tige herbacée,

cylindrique & droite ; feuilles fétacées ; une ftypule extérieure, & deux autres inférieures plus petites ; fleurs jaunâtres. Fleurit tout l'été.

Var. — *Sylveſtris*. Fleurs *idem*.

---

154 CONVALLARIA. Corolle à ſix diviſions ; baie maculée & à trois logés.

—1 **MAÏALIS.** *Muguet des Pariſiens.* Hampe nue ; fleurs blanches. Se trouve dans les bois. Fleurit en Mai.

—2 **POLYGONATUM.** *Sceau de Salomon.* Feuilles alternes, amplexicaules ; tige à deux tranchans ; péduncules axillaires, portant une ou deux fleurs blanches. Fleurit *idem*.

—3 **MULTIFLORA.** *Grand ſceau de Salomon.* Feuilles alternes, amplexicaules ; tige cylindrique ; péduncules axillaires portant pluſieurs fleurs blanches. Fleurit *idem*.

—4 **BIFOLIA.** *Sceau de Salomon à deux feuilles.* Feuilles en cœur ; fleurs à quatre étamines (exception au caractere générique); fleurs blanches. Se trouve à Bondy, à Montmorency, fur le côteau avant l'étang de *Molignon*, & forêt de Fontainebleau, en arrivant par Chailly, avant le rocher *du Cuvier*.

---

155 HYACINTHUS. Corolle campanulée; ovaire percé de trois pores remarquables par
une

une goûte de liqueur qui en fort.

—1 NON SCRIPTUS. *Jacinthe des bois.* Corolle à fix divifions, dont les fommets font roulés.

—2 CERNUUS. Corolle en cloche à fix divifions; grappe de fleurs penchée; tube de la corolle renflé vers le bas. Commune dans les bois derriere les murs de Ville-d'Avrai. Fleurs blanches. Fleurit en Mai.

— COMOSUS. *Vacier.* Corolles à plufieurs pans; celles du fommet font ftériles, & ont leurs pédicules plus longs que les autres. Se trouve dans les prés & moiffons; fleurs bleues. Fleurit *idem.*

—4 RACEMOSUS. *Ail des chiens.* Corolles en épi ovale: les fupérieures font ftériles & feffiles; feuilles lâches; fleurs d'un bleu foncé. Fleurit *idem.*

---

156 JUNCUS. Calice à fix feuilles; corolle nulle; capfule à une feule loge; port des graminées.

Tiges fans feuilles.

—1 ACUTUS. *Jonc des jardiniers.* Tige cylindrique, terminée en pointe aiguë; panicule terminale accompagnée de deux braĉées piquantes. (Elle eft quelquefois un peu latérale avec une braĉée faillante à fa bafe. Flor. Franç.). Fleurs d'un jaune pâle. Se trouve dans les foffés & marais. Fleurit en Juin.

E

Var. — *Major.*

—2 CONGLOMERATUS. *Jonc à tête.* Tige -très-droite ; fleurs ramaſſées en un peloton la-téral ; fleurs d'un jaune pâle. Se trouve *idem.* Fleurit *idem.*

—3 EFFUSUS. *Jonc à mèche.* Tige très-droi-te ; fleurs étalées en panicule latérale ; fleurs d'un jaune pâle. Fleurit *idem.* Se trouve *idem.*

Il y a deux variétés, l'une à fleurs feſſiles, l'autre à fleurs pédunculées.

—4 INFLEXUS. Tige terminée par un ſom-met membraneux, & courbée en arc ; pani-cule latérale ; fleurs d'un jaune pâle. Fleurit en Juin.

Var. A. — Sommet refléchi.

Var. B. — Panicule univerſelle latérale, plus longue que la tige ; panicules ſecondaires éparſes.

—5 SQUARROSUS. Feuilles déliées comme une ſoie ; fleurs ramaſſées en tête. Toute la plante a un air de roideur ; fleurs d'un jaune pâle. Se trouve à Saint Léger, marais *des Pla-nets*, & à Montfort l'Amaury. Fleurit en Juin.

Tiges feuillées.

—6 ARTICULATUS. Pétales obtus ; feuilles articulées. Ces articulations ſont ſenſibles lorſ-qu'on fait gliſſer les feuilles entre les doigts en les ferrant un peu ; fleurs d'un jaune pâle. Fleurit en Juin.

—7 BULBOSUS. Feuilles linéaires crénelées en goutiere ; capfules obtufes ; fleurs d'un jaune pâle. Fleurit *idem.*

—8 BUFONIUS. *Jonc des Crapaux.* Tige fourchue ; feuilles anguleufes ; fleurs folitaires & feffiles, d'un jaune pâle. Fleurit en Juin.

—9 PILOSUS. Feuilles planes, garnies de poils; fleurs difpofées en corymbe rameux ; fleurs d'un jaune pâle. Se trouve dans les bois à Ville-d'Avrai & à Crecy. Fleurit en Avril.

—10 NIVEUS. Feuilles planes un peu velues, fur-tout à leur bafe ; corymbes de fleurs fafciculées, plus courts que les feuilles ; fleurs blanches. Se trouve à Saint-Léger. Fleurit en Juin.

Var. A. — Feuilles comprimées ; panicule fimplement rameufe.

Var. B. — Feuilles cylindriques ; panicule plufieurs fois rameufe.

—11 CAMPESTRIS. Feuilles planes un peu velues; têtes de fleurs, les unes feffiles, les autres pédunculées ; fleurs d'un jaune pâle. Se trouve dans les bois & les champs. Fleurit en Mars & Avril.

Var. A. — Epis ovoïdes.

Var. B. — Epis globuleux.

Var. C. — Epis blancs & brillans.

E 2

Var. D. — Epis un peu jaunes & brillans.

Var. E. — Panicule rétrécie & noirâtre.

---

157 BERBERIS. Calice de six feuilles ; six pétales ayant deux glandes auprès de leurs onglets ; style nul , baie à deux semences.

—1 VULGARIS. *Epine - vinete.* Péduncules chargés de fleurs en grappe , tige garnie d'épines disposées trois à trois ; étamines éprouvant une contraction sensible lorsqu'on les touche vers leur base avec la pointe d'une épingle ; fleurs jaunes. Fleurit en Mai.

---

158 PEPLIS. Calice en cloche , dont le bord a douze divisions ; six pétales inserés sur le calice & caducs ; capsules à deux loges.

—1 PORTULA. *Pourpier aquatique.* Feuilles un peu charnues , presqu'en spatule & opposées ; les pétales manquent très-souvent ; fleurs d'un blanc sale. Se trouve dans les mares , fossés & ornieres des bois où l'eau a séjourné l'hiver. Fleurit en Juin & Juillet.

TRIGYNIE.

Trois styles.

159 RUMEX. Calice de trois feuilles ; trois
pétales connivens ; une femence à trois angles faillans.

---

*Fleurs pourvues d'étamines , & de piftils , valves
de la femence , chargées d'un petit grain ;
excepté le n° 8.*

—1 PATIENTIA. *La Patience ordinaire.* Valves de la femence très-entieres ; une feule porte un petit grain ; feuilles ovales - lancéolées ;
fleurs d'un blanc fale. Fleurit en Juin & Juillet.

—2 SANGUINEUS. *Ofeille rouge.* Valves de
la femences très-entieres ; une feule porte un
petit grain ; feuilles en cœur lancéolées , marquées de veines rouges ; fleurs d'un blanc fale.
Se trouve proche les murailles des villages. Fleurit en Juin & Juillet.

—3 CRISPUS. *Patience frifée.* Valves de la
fémence entieres ; feuilles lancéolées , aiguës ,
ondulées ; fleurs d'un blanc fale. Fleurit en
Juin & Juillet.

—4 MARITIMUS. Valves de la femence dentées ; feuilles linéaires ; fleurs d'un blanc fale.
Se trouve à la Gare, dans des mates, au deffus de Montreuil, autour des pieces d'eau de

Saint-Cyr. Fleurit en Juin & Juillet.

—5 Acutus. *Patience aiguë.* Valves de la femence dentées, feuilles en cœur, allongées & terminées en pointes aiguës ; fleurs d'un blanc fale. Se trouve dans les bois. Fleurit en Juin & Juillet.

—6 Obtusifolius. *Patience à feuilles ob-tufes.* Valves de la femence dentées ; feuilles oblongues, en cœur, un peu obtufes & légerement crénelées ; fleurs d'un blanc fale. Se trouve le long des murailles des villages. Fleurit en Juin & Juillet.

—7 Pulcher. *La belle Patience.* Valves de la femence dentées ; feuilles radicales échan-crées en forme de violon; fleurs d'un blanc fale. Se trouve particulierement le long des chemins & foffés. Fleurit en Juin & Juillet.

—8 Aquaticus. *Patience aquatique.* Valves de la femence très-entieres ; feuilles glabres en cœur, terminées en pointe aiguë ; fleurs d'un blanc fale. Fleurit en Juin & Juillet.

Fleurs toutes unifexuelles ; valves nues.

—9 Acetosa. *Ofeille ordinaire.* Feuilles ob-longues, en fer de fleche; fleurs d'un blanc fale. Fleurit en Juin & Juillet.

—10 Acetosella. *Petite Ofeille.* Feuilles lancéolées, aiguës & en fer de pique, fleurs d'un blanc fale. Fleurit tout l'été.

—11 MULTIFIDUS. Feuilles en fer de pique, garnies d'oreillettes digitées, fleurs d'un blanc fale. Fleurit en Juin.

———

160. TRIGLOCHIN. Calice de trois feuilles ; trois pétales, qui forment comme un fecond calice intérieur ; ftyle nul. Capfule s'ouvrant par fa bafe.

—1 PALUSTRE. Capfule à trois loges , & d'une forme prefque linéaire ; fleurs d'un blanc fale. Fleurit en Juillet & Août.

———

161 COLCHICUM. Fleurs fortant d'un fpathe, & ayant une corolle à fix divifions, dont le tube part immédiatement de la racine ; trois capfules enflées & adhérentes entr'elles.

—1 AUTUMNALE. *Colchique*, ou *mort aux chiens*. Feuilles planes, droites & en fer de lance ; fleur rofe qui paroît feule en automne ; les feuilles fortent au printemps fuivant, & accompagnent le fruit.

———

POLYGYNIE.

Plufieurs ftyles.

162 ALISMA. Calice de trois feuilles ; trois pétales ; plufieurs femences.

—1 PLANTAGO. *Plantin d'equ.* Feuilles ovales - aiguës ; fruits triangulaires , ayant leurs angles émouffés ; fleurs blanches. Fleurit en Juin , Juillet & Août.

Var. *Anguftifolia.* (De Juffieu.) Feuilles étroites.

—2 DAMASONIUM. *Etoile* ou *flûte du berger.* Feuilles en cœur & oblongues ; fleurs ayant fix ftyles ; capfules en fer d'alène ; fleurs blanches. Se trouve à Meudon , Bondy , Senart, Saint-Léger , Fontainebleau & ailleurs. Fleurit en Juin , Juillet & Août.

—3 NATANS. Feuilles ovales - obtufes ; péduncules folitaires ; fleurs blanches. Se trouve dans toutes les mares de la forêt de Fontainebleau, Fleurit en Juin , Juillet & Août.

—4 RANUNCULOIDES. Feuilles lancéolées , prefque linéaires ; fruits hériffés & globuleux; fleurs blanches. Se trouve à l'étang *Coquenard* , & fur la gauche du chemin de Montmorency , un peu avant d'arriver à Enguien , & dans la mare de la forêt de Senart , près le village de la Barre. Fleurit en Juin , Juillet & Août.

SEPTIEME CLASSE.

HEPTANDRIE,

Sept étamines.

MONOGYNIE.

Un seul style.

163 ÆSCULUS. Calice d'une seule piece ventru & garni de cinq dents ; corolle à cinq pétales, inégalement colorée & insérée sur le calice ; capsule à trois loges.

— 1 HIPPO-CASTANUM. *Maronnier d'Inde.* Fleurs à sept étamines. (L'*Æsculus Pavia* en a huit.) Fleurs blanches, tachées de rouge. Fleurit en Avril.

HUITIEME CLASSE.
OCTANDRIE.
Huit étamines.

MONOGYNIE.
Un seul style.

164 ŒNOTHERA. Calice à quatre divisions ; quatre pétales ; capsule cylindrique, inférieure à la corolle ; semences dénuées d'aigrettes.

—1 BIENNIS. *Onagre* ou *herbe aux ânes.* Feuilles ovales - lancéolées & planes ; tige velue ; fleurs jaunes. Cette plante est commune dans les bois de Verriere, & le bois *Jacques,* queue de l'étang d'Enguien, à Chantilly & à Fontainebleau. Fleurit tout l'été.

165. EPILOBIUM. Calice à cinq divisions, quatre pétales ; capsule allongée , inférieure à la corolle ; semences aigretées.

Etamines penchées.

—1 ANGUSTIFOLIUM. *Osier de Saint-An-*

toine. Feuilles éparfes , linéaires , lancéolées ;
fleurs irrégulieres & rouges. Se trouve au petit
parc de Meudon, marais des *Planets* & à Fontainebleau. Fleurit en Juin & Juillet.

* * *

Etamines droites.

—2 HIRSUTUM. Feuilles oppofées , lancéolées , dentées en fcie , décurrentes & amplexicaules ; fleurs rouges & grandes. Se trouve dans
tous les foffés aquatiques. Fleurit en Juin &
Juillet.

Il y a une variété à petites fleurs.

—3 MONTANUM. Feuilles oppofées , ovales
& dentées ; fleurs rouges. Se trouve dans les
bois ombragés. Fleurit en Juin & Juillet.

—4 TETRAGONUM. Feuilles lancéolées , finement dentées ; celles du bas font oppofées ;
tige à quatre angles ; fleurs rouges. Dans le
parc de Saint-Cloud , & à Meudon dans les
nouvelles coupes. Fleurit en Juin & Juillet.

—5 PALUSTRE. Feuilles oppofées , lancéolées, très-entieres ; pétales échancrés ; tige droite ; fleurs rouges. Se trouve dans les foffés
aquatiques. Fleurit en Juin & Juillet.

166. CHLORA. Calice à huit feuilles ; co-

rolle monopétale , à huit divisions ; capsule à une seule loge , à deux valves & à plusieurs semences.

—1 PERFOLIATA. *Petite Gentiane jaune.* Feuilles perfoliées. Se trouve dans les prés bas. Fleurs jaunes. Fleurit en Juin , Juillet & Août.

---

167 VACCINIUM. Calice supérieur au germe ; corolle monopétale ; filets des étamines inférés fur le réceptacle ; baie à quatre loges , renfermant plufieurs femences.

—1 MYRTILLUS. *Airelle* ou *Myrtille.* Péduncules chargés d'une feule fleur ; feuilles dentées en fcie , ovales , caduques ; tige anguleufe ; fleurs couleur de chair. Se trouve à Montmorency & Fontainebleau. Fleurit en Mars & Avril.

—2 OXYCOCCUS. *La Canneberge.* Feuilles très-entieres , roulées , ovales , tiges rampantes déliées & dépourvues de poils ; fleurs couleur de chair. Se trouve dans les marais de *Coie* proche *Chantilly.* Fleurit en Mars & Avril.

---

168 ERICA. Calice de quatre feuilles ; corolle à quatre divifions ; filets des étamines inférés fur je réceptacle ; anthères fendues en deux, capfule à quatre loges.

Feuilles oppofées.

——1 VULGARIS. *Bruyere ordinaire.* Anthères barbues ; corolles campanulées , à peu près de niveau en leur bord ; feuilles oppofées & fendues à leur bafe, qui s'applique fur les rameaux ; fleurs d'un blanc fale. Fleurit en Juillet & Août.

Var. *glabra.*

Feuilles ternées ou quaternées.

——2 SCOPARIA. *Bruyere à Balais.* Anthères barbues ; corolles campanulées ; ftigmate ombiliqué & fortant de la corolle ; fleurs grifes. A Fontainebleau, au bout de la plaine de *la Glandée.* Fleurit en Avril. Feuilles quaternées.

——3 TETRALIX. *Bruyere à tête.* Anthères barbues ; corolles ovoïdes , renfermant le ftyle tout entier ; fleurs difpofées en tête ; feuilles garnies de cils ; fleurs couleur de chair. Se trouve à Montmorency , Grosbois , Senart, Saint-Léger , & Fontainebleau. Fleurit tout l'été.

——4 CINEREA. *Bruyere cendrée.* Anthères garnies d'une efpece de crête ; corolles ovoïdes & renflées, à peine dépaffées par le ftyle , fleurs

presque solitaires. Fleurit en Juillet & Août ;
fleurs d'un rouge pourpre.

 Var. — *flore albo.*

---

169 DAPHNE. Calice nul ; corolle à quatre divisions , renfermant les étamines ; baie à
une seule semence.

 —1 MEZEREUM. *Bois-Gentil* ou *Faux-Garou.*
Fleurs sessiles , ternées , disposées le long de
la tige ; feuilles lancéolées & caduques ; fleurs
rouges. Se trouve forêt de Senart , petit parc
de Brunois. Fleurit en Février & Mars.

 Var. — *flore albo.*

 —2 LAUREOLA. Fleurs en grappes disposées
dans les aisselles des feuilles , cinq par cinq ;
feuilles lancéolées, glabres & persistantes ; fleurs
d'un jaune pâle. Se trouve forêt de Senlis. Fleurit en Février & Mars.

---

170 STELLERA. Calice nul ; corolle à quatre divisions ; étamines très-courtes ; une semence terminée en forme de bec.

 —1 PASSERINA. Feuilles linéaires ; fleurs
couleur de la plante. Il a le port du *Thesium alpinum.* Se trouve dans les moissons , derrière
l'abbaye de Livry & celle du Château *Frayé.*
Fleurit en Juin & Juillet.

TRIGYNIE.

Trois ſtyles.

171 POLYGONUM. Calice nul; corolle à cinq diviſions, ayant l'aſpect d'un calice; une ſemence anguleuſe.

—1 LAPATHIFOLIUM. *Perſicaire à feuilles de Patience.* Fleurs à cinq étamines, dont la longueur eſt égale à celle de la corolle; ſtyle bifide; tige droite, ferme & liſſe; feuilles ovales, pétiolées; fleurs d'un blanc rouge. Se trouve dans les endroits cultivés à Montmorency. Fleurit en Juillet & Août.

—2 AMPHIBIUM. *Perſicaire amphibie.* Fleurs à cinq étamines, en épi ovale; ſtyle bifide. (La variété qui vient dans l'eau, à les étamines plus courtes que la fleur; celle qui vient ſur la terre les a ſouvent plus longues). Fleurs rouges. Se trouve dans tous les étangs & rivieres. Fleurit depuis Juin juſqu'à la fin de l'automne.

—3 HYDROPIPER. *Poivre d'eau.* Fleurs à ſix étamines; ſtyle bifide; feuilles lancéolées; ſtipules preſque dépourvues de cils; ſaveur poivrée; fleurs d'un blanc rouge. Se trouve ſur le bord des rivieres, dans les foſſés & ornieres où l'eau à ſéjourné l'hiver. Fleurit en Juillet & Août.

—4 PERSICARIA. *Perſicaire.* Fleurs à ſix étamines, en épi ovale, oblong; deux ſtyles : feuilles lancéolées; ſtipules ciliées; fleurs rouges. Fleurit en Juillet & Août.

Var. A. — *alba.* Feuilles blanchâtres.

Var. B.— *maculata.* Feuilles marquées d'une tache brunâtre, & point cotoneuſes en deſſous.

Var. C. — *minor.* Petit Perſicaire.

—5 AVICULARE. *Renouée* ou *Trainaſſe.* Fleurs à huit étamines & axillaires; trois ſtyles, feuilles lancéolées; tige couchée ou herbacée; fleurs blanches. Fleurit en Juillet & Août.

Var. A. —Feuilles courtes & étroites.

Var. B. — Feuilles oblongues & étroites.

Var. C. —Feuilles étroites; calices pourprés.

Var. D. — Tige droite, baſſe, preſque ſans feuilles.

—6 FAGOPYRUM. *Sarraſin* ou *Blé noir.* Feuilles en fer de fleche, avec une échancrure à leur baſe; tige un peu droite; angles de la ſemence égaux; fleurs blanches. Fleurit en Juillet & Août.

—7 CONVOLVULUS. Feuilles en cœur; tige ſarmenteuſe & anguleuſe; fleurs obtuſes; anthères violetes. Fleurit *idem.*

—8 DUMETORUM. Feuilles en cœur; tige ſarmenteuſe, liſſe; fleurs réſevées par des fail-lis en forme d'ailes; anthères blanches. Se trouve dans les haies & buiſſons, parc de Saint

Fargeau : eft auffi très-commun à Hyere &
Brunois, proche les Camaldules. Fleurit en
Août & Septembre.

---

172 PARIS. Calice de quatre pieces ; quatre pétales étroits ; baie ` quatre loges.

—1 QUADRIFOLIA. *Herbe à Paris* ou *Raifin
de Renard.* Quatre feuilles difpofées autour
d'un même point, au haut de la tige ; fleurs
d'un blanc falé. (J'ai trouvé cette plante à
cinq, fix, fept, huit, & neuf feuilles.) Dans
les Bois. Fleurit en Mai.

---

173 ADOXA Corolle à quatre ou cinq divifions, fupérieure au germe, & garnie à fa
bafe de deux écailles, tenant lieu de calice ;
baie à quatre ou cinq loges.

—1 MOSCATELLINA. *La Mofcatelle* ou *Petite Mufquée.* Fleurs difpofées en petite tête, ordinairement au nombre de cinq. Les latérales
ont cinq divifions ; celle qui eft terminale en a
quatre ; fleurs de couleur herbeufe. Se trouve
dans les bois. Fleurit en Avril.

---

174. ELATINE. Calice de quatre pieces,
quatre pétales ; capfule aplatie à quatre loges
& à quatre valves.

—1 HYDROPIPER. Feuilles oppofées ; fleurs

d'un blanc fale. Se trouve à Fontainebleau, dans les mares, au deffus du rocher du *Cuvier Chatillon.* Fleurit en Juillet.

Var. — *ferpillifolium*, à feuilles de ferpolet. Trois pétales couleur de rofe.

— 2 ALSINASTRUM. Feuilles verticillées; fleurs d'un blanc fale. Se trouve dans différentes mares, autour de la forêt de Bondy, dans les mares du *chêne pendu*, ou *buvette royale*, proche Chailly. Fleurit en Juin.

NEUVIEME CLASSE.

ENNEANDRIE.

Neuf étamines.

HEXAGYNIE.

Six ftyles.

175 BUTOMUS. Calice nul; fix pétales; fix capfules à plufieurs femences.

— 1 UMBELLATUS. *Jonc fleuri.* Fleurs difpofées en ombelle, & d'une couleur blanchâtre nuancée de rouge. Se trouve dans les eaux. Fleurit en Mai & Juin.

DIXIEME CLASSE.

DÉCANDRIE.

Dix étamines.

MONOGYNIE.

Un seul style.

176 RUTA. Calice à cinq divisions ; pétales concaves ; réceptacle entouré de dix points, d'où fort une liqueur mielleufe ; capfule lobée.

—1 GRAVEOLENS. *Rue fauvage.* Feuilles récompofées ; fleurs latérales à quatre divifions ; fleurs jaunes. Se trouve dans les terreins fablonneux à Gouvieux, proche Chantilly. Fleurit en Juillet & Août.

177 MONOTROPA. Calice nul ; huit ou dix pétales, dont quatre ou cinq extérieurs ont à leur bafe une cavité remplie d'une liqueur mielleufe ; capfule à quatre ou cinq valves.

—1 HYPOPITHYS. Fleurs latérales à huit étamines (la fleur du fommet en a dix) ; fleurs colorées comme la plante qui eſt toute jaunâtre. Se trouve dans tous les bois. Fleurit en Mai.

———

178 PYROLA. Calice à cinq diviſions ; cinq pétales ; capſule à cinq loges , s'ouvrant par les angles.

——1 ROTUNDIFOLIA. *Pyrole.* Etamines droites ; ſtyle penché ; fleurs blanches. Se trouve à Verſailles dans les bois, proche *la porte Verte* , bois de Marly , & à Auxois. Fleurit à la fin de Mai.

———

DIGYNIE.

Deux ſtyles.

179 SAXIFRAGA. Calice à cinq diviſions ; corolle à cinq pétales ; capſules à deux cornes , à une ſeule loge & pluſieurs ſemences.

——1 GRANULATA. *Saxifrage* ou *Perce-pierre.* Feuilles de la tige lobées , & en forme de rein ; tige rameuſe ; racine granuleuſe ; fleurs blanches. Cette plante eſt on ne peut plus commune , dans les prés & bois de Ville-d'Avrai , au Mont-Valérien & ailleurs. Fleurit en Mai.

——2 TRIDACTYLITES. Feuilles de la tige en forme de coin , à trois diviſions & alternes ; tige droite & rameuſe ; fleurs d'un blanc ſale. Fleurit en Mai.

180 SCHLERANTHUS. Calice d'une feule piece ; corolle nulle ; deux femences renfermées dans le calice.

— 1 ANNUUS. Calices ouverts après la floraifon ; fleurs couleur de la plante. Fleurit tout l'été.

— 2 PERENNIS. Calices fermés, même après la floraifon ; fleurs couleur de la plante. Cette plante eft très-commune à Senlis, & dans les allées & gafons de la forêt de Fontainebleau & de Compiegne. Fleurit tout l'été.

181 GYPSOPHILA. Calice d'une feule piece, anguleux, campanulé ; cinq pétales ovales, feffiles ; capfule globuleufe à une feule loge.

— 1 MURALIS. Feuilles linéaires ; tige fourchue, fleurs petites, portées fur des péduncules capillaires, rougeâtres & rayées de pourpre. Fleurit en Juillet & Août.

182 SAPONARIA. Calice d'une feule piece & dénué d'écailles ; cinq pétales à onglet ; capfule oblongue à une feule loge.

— OFFICINALIS. *La Saponaire.* Calice cylindrique ; feuilles ovales - lancéolées ; fleurs d'un rouge pâle, & d'une odeur agréable. Fleurit en Juillet & Août.

—2 VACCARIA. *Saponaire des Vaches.* Calices pyramidaux à cinq angles; feuilles ovales, sessiles, terminées en pointe aiguë; fleurs d'un rouge pâle. Se trouve dans les moissons, notamment dans celles du Point du jour à Sève. Fleurit en Juin & Juillet.

183 DIANTHUS. Calice cylindrique d'une seule piece, garni à sa base de quatre écailles; cinq pétales à onglet étroit; capsule cylindrique à une seule loge.

—1 CARTHUSIANORUM. *Œillet des Chartreux.* Fleurs un peu ramassées par paquets; écailles calicinales ovales, garnies d'une barbe à leur sommet, presqu'égales au tube de la corolle; feuilles à trois nervures; fleurs rouges. Commune au bois de Boulogne & ailleurs. Fleurit en Juillet & Août.

Var. Fleurs rouges très-nombreuses, sortant de l'extrêmité de la tige.

—2 ARMERIA. Fleurs ramassées & fasciculées; écailles calicinales lancéolées, velues, égales en longueur au tube de la corolle; fleurs rouges. Se trouve le long des chemins & fossés des bois. Fleurit en Juin & Juillet.

—3 PROLIFER. Fleurs ramassées en tête; écailles calicinales ovales-obtuses, sans barbes ni cils à leur extrêmité, & plus longûes que le tube de la corolle; fleurs rouges. Fleurit en Juin & Juillet.

—4 DELTOIDES. Fleurs solitaires; écailles calicinales lancéolées au nombre de deux; corolle crénelée; fleurs rouges. Se trouve sur les bords des bois à Neuilly sur-Marne, & parc de Rambouillet, proche le jardin Anglois. Fleurit en Juin & Juillet.

—5 ARENARIUS. Tige portant une ou deux fleurs; écailles calicinales ovales & obtuses; pétales très-divisés; feuilles linéaires; fleurs rouges. Se trouve sur le bord de la forêt de Fontainebleau, du côté de Chailly. Fleurit en Juin & Juillet.

TRIGYNIE.

Trois styles.

184 CUCUBALUS. Calices enflés; cinq pétales à onglet étroit, sans couronne à l'entrée de la corolle; capsule à trois loges.

—1 BEHEN. *Le Behen blanc.* Calices presque globuleux, glabres, veinés en réseau; tige visqueuse; fleurs blanches.

—2 OTITES. Fleurs souvent unisexuelles; pétales verdâtres, linéaires, sans divisions. Se trouve dans les remises du Point du jour à Sève, dans celle du pont de Saint-Maur, à Champigny, & parc de Saint-Maur. Fleurit en Juin & Juillet.

—3 BACCIFERUS. Calices en cloche ; pétales écartés ; fruits colorés ; rameaux formant des angles très-ouverts ; fleurs blanches. Se trouve dans les Isles des Religieux de la Charité de Charenton, parc de Vincenne, le long de la riviere de Crône, au-dessus de Brunois, près la tour de *Gagne*, forêt de Senart, & à Chailly dans les haies. Fleurit en Juin & Juillet.

185 SILENE. Calice ventru ; cinq pétales à onglet étroit ; entrée de la corolle bordée d'une espece de couronne ; capsules à trois loges.

—1 ANGLICA. Tige velue ; pétales très-entiers ; fleurs droites ; fruits refléchis, pédunculés & alternes. Fleurs d'un blanc sale, ponctuées de points noirâtres. Se trouve sur les montagnes à Lonjumeau & à Palaiseau. Fleurit en Juillet.

—2 GALLICA. Fleurs un peu disposées en épi alternes, presque toutes tournées du même côté ; pétales sans divisions ; fruits droits ; fleurs *idem*. Se trouve dans les endroits cultivés, à Bondy, Fontenay-aux-roses, Rambouillet & Saint-Léger. Fleurit *idem*.

—3 NUTANS. Pétales échancrés ; fleurs latérales toutes tournées du même côté, formant une panicule penchée ; fleurs blanches. Se

trouve

trouve au bois de Boulogne & à Meudon. Fleurit en Mai & Juin.

—4 CONOIDEA. Calices globuleux après la floraison, terminés en pointe aiguë, marqués de ftries au nombre de trente; feuilles glabres; pétales entiers; fleurs couleur de rofe. Se trouve fur le bord des chemins & foffés. Fleurit *idem.*

—5 CONICA. Calices en forme de cônes après la floraison, marqués de trente ftries; feuilles molles; pétales échancrés; fleurs couleur de rofe. Se trouve dans les endroits cultivés à Belleville. Fleurit *idem.*

---

186 STELLARIA. Calices de cinq feuilles & ouverts; cinq pétales fendus en deux; capfule à une feule loge & à plufieurs femences.

—1 NEMORUM. Feuilles en cœur & pétiolées; fleurs en panicule, & dont les péduncules font rameux; fleurs blanches. Fleurit en Juin. Se trouve dans les forêts. (La plante que je rapporte ici, d'après l'ufage, me paroît être très-diftinguée du *Stellaria nemorum* qui vient d'être décrit & devoir former une efpece particuliere).

Var. Feuilles larges; fleurs laciniées.

—2 HOLOSTEA. Feuilles lancéolées, bordées d'une denteLure très-fine; pétales fendus en

E

deux; fleurs blanches. Se trouve dans les bois. Fleurit en Mai & Juin.

—3 GRAMINEA. Feuilles linéaires très - entieres ; fleurs blanches en panicule. Se trouve *idem*. Fleurit en Juillet & Août.

—4 ARENARIA. Feuilles en fpatule ; tige droite & fourchue ; rameaux alternes ; pétales échancrés ; fleurs blanches. Se trouve à Saint-Léger, marais *des Planets*. Fleurit en Juillet & Août.

—5 AQUATICA (*Flore Franc.*). Pétales profondément divifés en deux, & à peine auffi longs que le calice ; feuilles feffiles, allongées en fer de lance , dépourvues de poils & affez liffes ; fleurs blanches. Commune à Saint-Léger dans les foffés humides, & les cavités où l'eau a féjourné l'hiver. Fleurit en Juin.

---

187 ARENARIA. Calice de cinq feuilles & ouvert; cinq pétales entiers ; capfule à une feule loge renfermant plufieurs femences.

—1 TRINERVIA. Feuilles ovales , aiguës , pétiolées & marquées de nervures ; fleurs blanches. Se trouve dans tous les bois. Fleurit tout l'été.

—2 SERPILLIFOLIA. Feuilles un peu ovales , aiguës & feffiles ; corolles plus courtes que les calices ; fleurs blanches. Se trouve dans les endroits cultivés. Fleurit *idem*.

—3 RUBRA. Feuilles déliées comme un fil; ſtipules ſemblables à une gaîne membrane uſe; fleurs rouges. Fleurit *idem.*

Var. — Fleurs bleuâtres.

—4 MEDIA. Feuilles linéaires & charnues; ſtipules membraneuſes; tige chargée de duvet; fleurs blanches. Se trouve dans les endroits cultivés. Fleurit en Mai & Juin.

—5 SAXATILIS. Feuilles en fer d'alène; tige paniculée; folioles du calice ovales - obtuſes; fleurs blanches. Se trouve à la garenne de Canneville, entre Chantilly & Creil, & à Fontainebleau au *Mail d'Henri IV.* Fleurit *idem.*

—6 TENUIFOLIA. Feuilles en fer d'alène; tige paniculée; capſules droites; pétales lancéolées plus courts que les calices, environ de moitié; folioles du calice très-aiguës & marquées en-deſſous de deux lignes vertes; fleurs blanches. Se trouve dans les endroits ſablonneux. Fleurit en Mai & Juin.

—7 LARICIFOLIA. Feuilles ſétacées, tige un peu nue dans ſa partie ſupérieure, calices un peu velus; fleurs blanches. Se trouve ſur le bord des chemins & foſſés, en allant du pont de Saint-Maur à Champigny. Fleurit en Juillet & Août.

PENTAGYNIE.

Cinq ſtyles.

188 SEDUM. Calice à cinq diviſions ; corolle à cinq pétales ; cinq écailles renfermant une goutte de miel, diſpoſées à la baſe du germe ; cinq capſules.

——1 TELEPHIUM. *Orpin.* Feuilles un peu planes dentées en ſcie ; corymbe de fleurs accompagné de feuilles ; tige droite ; fleurs d'un blanc roſe. Se trouve ſur le bord des bois. Fleurit en Juillet & Août.

Var. Fleurs rouges.

——2 CEPÆA. Feuilles planes ; tige rameuſe ; fleurs en panicules & d'un blanc ſale. Se trouve ſur les bords des chemins & foſſés des bois. Fleurit *idem.*

——3 REFLEXUM. Feuilles en fer d'alène, éparſes, libres par leurs baſes, les inférieures ſont recourbées ; fleurs jaunes. Se trouve ſur les murailles & foſſés. Fleurit en Juin & Juillet.

——4 ALBUM. *La Trique Madame.* Feuilles oblongues, obtuſes, un peu cylindriques & ouvertes ; bouquet de fleurs rameux ; fleurs blanches. Fleurit *idem.*

——5 ACRE. *Vermiculaire brûlante.* Feuilles

un peu ovales, fessiles, relevées en bosses un peu redressées, alternes; bouquet de fleurs à trois divisions; fleurs jaunes. Fleurit *idem.*

—6 SEXANGULARE. Feuilles un peu ovales, fessiles, relevées en bosse, un peu redressées, difposées en recouvrement fur fix côtés différens; fleurs d'un blanc fale. Se trouve au parc de Saint-Maur. Fleurit *idem.*

---

189 OXALIS. Calices de cinq feuilles; pétales adhérens par leurs onglets; capfule à cinq côtés, s'ouvrant par les angles.

—1 ACETOSELLA. *Ofeille des Bucherons.* Hampes chargées d'une feule fleur; feuilles ternées; folioles un peu en cœur; fleurs blanches. *Se* trouve forêt de Montmorency, à Meudon, & à Verfailles. Fleurit en Mars.

—2 CORNICULATA. *Trefle-Ofeille.* Tige penchée & diffufe; péduncules difpofés en ombelle; fleurs jaunes. Se trouve fur le côté droit de la grande avenue de Meudon, & eft très-commun dans les endroits cultivés de Palaifeau & de Lonjumeau. Fleurit tout l'été.

---

190 AGROSTEMA. Calice d'une feule piece, d'une confiftance coriace; cinq pétales à onglet étroit, dont le limbe eft obtus & fans divifions; capfule à une feule loge.

—1 GITHAGO. *Nielle des bois.* Tige velue ; calice aussi long que la corolle ; point de couronne particuliere à la gorge de la corolle ; fleurs d'un rouge pourpré.

———

191 LYCHNIS. Calice d'une seule piece, oblong & lisse ; cinq pétales à onglet étroit, & un peu échancrés ; capsule à cinq loges.

—1 FLOS CUCULI. *La fleur du coucou.* Pétales découpés en quatre ; fruit un peu arrondi ; fleurs rouges. Se trouve dans les marais. Fleurit tout l'été.

—2 VISCARIA. *L'Attrape - mouche.* Pétales entiers ; fleurs rouges. Se trouve dans les bois au - dessus d'Hyere, sur le bord de la forêt de Fontainebleau, du côté de Chailly, & à Valvin. Fleurit en Juin.

—3 DIOICA. *Compagnons blancs.* Fleurs mâles & fleurs femelles sur des individus séparés ; pétales blancs. Fleurit tout l'été.

Var. Fleurs bissexuelles & rouges ; cinq capsules à une seule loge.

———

192 CERASTIUM. Calices de cinq feuilles ; pétales fendus en deux ; capsule à une seule loge, s'ouvrant par le sommet.

Capsules oblongues.

—1 VULGATUM. Feuilles ovales ; pétales égaux en longueur au calice ; tige étalée ; fleurs blanches. Fleurit tout l'été.

—2 VISCOSUM. Tige droite , velue & visqueuse ; fleurs blanches. Fleurit en Mai & Juin.

—3 SEMIDECANDRUM. Fleurs à cinq étamines ; (elles en ont dix , felon Scopoli) ; pétales échancrés ; cinq ftyles. Se trouve dans les endroits fabloneux & cultivés ; fleurs blanches. Fleurit en Mars & Avril.

—4 ARVENSE. Feuilles lancéolées - linéaires , obtufes & glabres ; corolles plus longues que le calice ; fleurs blanches. Fleurit en Mai.

Capsules un peu arondies.

—5 REPENS. Feuilles lancéolées ; péduncules rameux ; pétales fouvent fendus en quatre ou cinq ; fleurs blanches. Fleurit *idem*.

—6 AQUATICUM. Feuilles en cœur & feffiles ; fleurs folitaires ; fruits pendans ; (port femblable à celui du *Stellaria nemorum*) ; fleurs blanches. Se trouve dans les endroits aquatiques. Fleurit tout l'été.

193 SPERGULA. Calice de cinq feuilles ;
cinq pétales entiers ; capfule ovale à une feule
loge & à cinq valves.

—1 ARVENSIS. *Spargoute.* Feuilles verticillées ; fleurs d'un blanc fale. Fleurit tout l'été.

—2 PENTANDRA. *Petite Spargoute.* Feuilles
verticillées ; fleurs à cinq étamines & d'un
blanc fale. Se trouve dans les moiffons. Fleurit
en Juin.

—3 NODOSA. Feuilles oppofées & en fer d'a-
lène; tige très fimple ; fleurs blanches. Se trouve
dans les marais de Neuilly-fur-Marne, & peloufe d'Avron. Fleurit tout l'été.

—4 SAGINOIDES. Feuilles oppofées , liffes
& linéaires ; péduncules folitaires & très-
longs ; tige rampante ; fleurs d'un blanc fale.
Fleurit *idem.*

ONZIEME CLASSE.

DODECANDRIE.

Depuis douze jufqu'à dix-neuf étamines.

MONOGYNIE.

Un feul ftyle.

194 ASARUM. Calice à trois ou quatre divifions, porté fur l'ovaire; corolle nulle; capfule
coriace & couronnée.

—1 EUROPÆUM. *Cabaret.* Feuilles en forme
de rein, obtufes, & réunies deux à deux; fleurs
prefque noires. Se trouve parc de Saint-Maur,
dans les bois de la Grange, & enclos des Ça-
maldules. Fleurit en Mars & Avril.

195 PORTULACA. Corolle à cinq pétales;
calice à deux divifions; capfule à une feule loge, s'ouvrant en travers.

—1 OLERACEA. Feuilles en forme de coin;
fleurs feffiles & jaunes. Fleurit en Juillet &
Août.

196 LYTHRUM. Calice à douze divifions;

F v

fix pétales inſerés ſur le calice; capſule à deux loges & à pluſieurs ſemences.

—1 SALICARIA. *Salicaire.* Feuilles oppo-ſées, lancéolées, échancrées à leur baſe ; fleurs à douze étamines & diſpoſées en épi ; fleurs d'un rouge tirant ſur le bleu. Fleurit en Juillet & Août.

—2 HYSSOPIFOLIA. *Salicaire à feuilles d'Hyſ-ſope.* Feuilles alternes & linéaires ; fleurs à ſix étamines, & d'un rouge tirant ſur le bleu. Se trouve dans les foſſés & ornieres où l'eau a ſé-journé l'hiver. Fleurit *idem.*

DIGYNIE.

Deux ſtyles.

197 AGRIMONIA. Calice hériſſé de cinq dents & double ; cinq pétales ; deux ſemences au fond du calice.

—1 EUPATORIA. *Aigremoine.* Feuilles de la tige ailées , & dont l'impaire eſt pétiolée ; fruits hériſſés de pointes ; fleurs jaunes. Fleurit en Juin & Juillet.

TRIGYNIE.

Trois styles.

198 RESEDA. Calice d'une seule piece, à plusieurs lobes étroits ; pétales découpés ; capsules s'ouvrant par le sommet & à une seule loge.

—1 LUTEOLA. *La Gaude* ou *Herbe à jaunir.* Feuilles lancéolées , entieres, ayant de part & d'autre une dent à leur base ; calice à quatre divisions ; fleurs d'un jaune pâle.

—2 LUTEA. Toutes les feuilles découpées en trois, les inférieures ailées ; fleurs d'un jaune pâle. Fleurit tout l'été.

—3 PHYTEUMA. Feuilles les unes entieres , les autres à trois lobes ; calices très-grands à six divisions ; fleurs d'un blanc sale. Se trouve plaine de Bercy. Fleurit en Juin & Juillet.

199 EUPHORBIA. Corolle à quatre ou cinq pétales , insérée sur le calice qui est ventru , & d'une seule piece ; capsule à trois coques.

—1 PEPLIS. Tige fourchue ; feuilles très-entieres , dont un côté est beaucoup plus saillant que l'autre , en forme d'oreillete ; fleurs solitaires & latérales ; tiges couchées ; fleurs d'un

E vj

jaune pâle. Se trouve dans les endroits cultivés. Fleurit en Juin, Juillet & Août.

—2 PEPLUS. Ombelle à trois rayons ; tige fourchue ; bractées ovales ; feuilles très-entieres, pétiolées & un peu ovales ; pétales en forme de croiſſant ; fleurs d'un jaune pâle. Fleurit *idem*.

—3 EXIGUA. Ombelle à trois rayons ; tige fourchue ; bractées lancéolées ; feuilles linéaires ; pétales en forme de croiſſant ; fruit liſſe. Fleurs *idem*. Se trouve dans les moiſſons. Fleurit *idem*.

—4 LATHYRIS. *Epurge*. Ombelle à quatre rayons ; tige fourchue ; feuilles oppoſées & très-entieres ; fleurs d'un jaune pâle. Se trouve dans les endroits cultivés. Fleurit en Juin.

—5 DULCIS. Ombelle à cinq rayons ; bractées un peu ovales, très-finement dentées, pétales entiers ; fruit rougâtre hériſſé de pointes ſaillantes ; feuilles lancéolées, obtuſes, très-entieres, quelquefois velues ; fleurs jaunes. Se trouve à Meudon. Fleurit en Juillet.

—6 SEGETALIS. *Tithymale des moiſſons*. Ombelle à cinq rayons ; tige fourchue ; bractées aiguës en forme de cœur ; feuilles lancéolées-linéaires, (celles du haut plus larges que les autres), capſules ponctuées ſur leurs angles. La tige porte des branches fertiles, même inférieurement à l'ombelle ; fleurs jaunes. Se trouve dans les moissons à Clagny & à Melun. Fleurit *idem.*

—7 HELIOSCOPIA *Tithymale Reveil-matin.* Ombelle à cinq rayons; bractées un peu ovales; feuilles en forme de coin, & dentées en scie; pétales entiers; fruit lisse; fleurs jaunes. Se trouve dans les endroits cultivés. Fleurit tout l'été.

—8 VERRUCOSA. Ombelle à cinq rayons; bractées ovales; feuilles lancéolées, denticulées & un peu velues; capsules verruqueuses, fleurs jaunes. J'ai trouvé cette plante sur les hauteurs de Sêve, où elle est rare. Elle est très-commune forêt de Fontainebleau, sur le côteau qui borde la riviere, du côté de Valvin. Fleurit en Juillet & Août.

—9 PLATYPHYLLOS. Ombelle à cinq rayons; bractées velues sur l'arrête de leur surface postérieure; feuilles lancéolées dentées en scie; capsules chargées de verrues; pétales entiers. (Lorsque la plante est encore jeune, ses feuilles ont des taches formées par de petites lignes rouges); fleurs jaunes. Se trouve à Linas. Fleurit *idem.*

—10 ESULA. *L'Esule.* Ombelle à plus de cinq rayons; pétales légérement échancrés; bractées un peu en cœur, rameaux stériles; feuilles toutes de la même forme; fleurs jaunes. Fleurit tout l'été. Très - commune dans

les prés de Saint-Maur , qui bordent la Marne ,
& depuis le pont de Saint-Maur jufqu'à Champigny , & dans l'avenue en face du château
Frayé.

—11 CVPARISSIAS. *Tithymale à feuilles de
cyprès* ; ombelle à plus de cinq rayons , bractées un peu en cœur ; rameaux ftériles ; feuilles
déliées , celles de la tige lancéolées ; pétales en
forme de croiffant ; fruit liffe ; fleurs jaunes.
Fleurit *idem.*

—12 PALUSTRIS. *Tithymale des marais.* Ombelle à plus de cinq rayons. Braĉées ovales ;
feuilles lancéolées ; rameaux ftériles ; pétales
entiers ; fruit chargé de verrues ; fleurs jaunes.
Se trouve le long de la Marne derriere le mur
du parc de Vincennes , & eft très-commune
dans les prés & foffés du château *Frayé.* Fleurit en Juillet.

—13 AMYGDALOIDES. *Tithymale à feuilles
d'Amandier.* Ombelle à plus de cinq rayons ,
Braĉées orbiculaires & perfoliées ; feuilles
obtufes ; fleurs jaunes. Se trouve dans les foffés
de la porte Saint-Mandé , le long de la petite
riviere de Champigny. Fleurit *idem.*

—14 SYLVATICA. *Grande Efule.* Ombelle à
cinq rayons ; braĉées perfoliées , un peu en
cœur ; feuilles lancéolées & très-entieres ; pétales en forme de croiffant ; fleurs jaunes. Fleurit tout l'été.

DODÉCAGYNIE.

Douze ſtyles.

200 SEMPERVIVUM. Calice à douze diviſions ; douze pétales ; douze capſules à pluſieurs
ſemences.

—1 TECTORUM. *Joubarbe.* Tige arboreſcen-
te, liſſe & rameuſe ; fleurs d'un blanc roſe.
Fleurit en Juin & Juillet.

DOUZIEME CLASSE.

ICOSANDRIE.

Vingt étamines ou davantage attachées
aux parois intérieures du calice.

MONOGYNIE.

Un ſeul ſtyle.

201 AMYGDALUS. Calice à cinq diviſions
inférieur à l'ovaire ; cinq pétales ; fruit dont
le noyau eſt crévaſſé & comme ſillonné en ré-
ſeau.

—1 COMMUNIS. *Amandier.* Dentures inférieures des feuilles glanduleufes; fleurs feffiles, difpofées par paires; fleurs d'un blanc rofe. Fleurit en Mars.

———

202 PRUNUS. Calice à cinq divifions in-férieur à l'ovaire; cinq pétales; fruit dont le noyau a des futures un peu faillantes.

——1 PADUS. *Laurier Putier.* Fleurs en grappes; feuilles caduques, chargées en-deffous, à leur bafe, de deux glandes; fleurs blanches. Se trouve dans les bois & forêts. Fleurit à la fin de Mars.

——2 MAHALEB. *Bois de Sainte-Lucie.* Fleurs en corymbe terminal; feuilles ovales; fleurs blanches. Se trouve dans les bois. Fleurit à la fin de Mars.

——3 CERASUS. *Cerifier.* Fleurs en ombelle avec un péduncule court; feuilles ovales-lan-céolées, glabres, & dont les-bords convergent l'un vers l'autre; fleurs blanches. Fleurit en Avril. Il y a beaucoup de variétés de cette plante.

——4 DOMESTICA. *Prunier ordinaire.* Pédun-cules prefque folitaires; feuilles lancéolées, ovales & roulées; rameaux fans épines; bou-tons à fleurs dénués de feuilles. Fleurit en Avril.

Il y a beaucoup de variétés de cette plante.

—5 SPINOSA. *Prunellier.* Péduncules folitaires ; feuilles lancéolées & glabres ; rameaux
chargés d'épines ; fleurs blanches. Fleurit *idem.*

DIGYNIE.

Deux styles.

203 CRATÆGUS. Calice à cinq divisions ;
cinq pétales ; baie inférieure au calice, & à
deux semences.

—1 ARIA. *Alisier.* Feuilles ovales, incisées,
dentées en scie, cotoneuses en-dessous ; fleurs
d'un blanc sale. Se trouve à Fontainebleau.
Fleurit en Mai.

—2 TORMINALIS. *Alisier ordinaire.* Feuilles
échancrées à leur base & à sept lobes, dont
les inférieurs sont écartés sous de grands angles ; fleurs d'un blanc sale. Se trouve à Bondy,
Saint-Léger, forêt de Chantilly, & Fontainebleau. Fleurit *idem.*

—3 OXYACANTHA. *Epine blanche* ou *aube-
épine ordinaire.* Feuilles obtuses, dentées en scie,
divisées en trois ; fleurs blanches. Fleurit en
Mai.

T R I G Y N I E.

Trois ſtyles.

204 SORBUS. Calice à cinq diviſions ; cinq pétales ; baie inférieure au calice, & renfermant trois ſemences.

—1 AUCUPARIA. *Sorbier des oiſeaux.* Feuilles ailées, glabres ſur leurs deux faces ; fleurs d'un blanc ſale. Se trouve dans les bois à Saint-Léger. Fleurit en Mai.

—2 DOMESTICA. *Sorbier Cormier.* Feuilles ailées & chargées de poils en-deſſous ; fleurs d'un blanc ſale. Se trouve dans les forêts de Senart, & Saint-Léger & ailleurs. Fleurit en Mai.

P E N T A G Y N I E.

Cinq ſtyles.

205 MESPILUS. Calice à cinq diviſions ; cinq pétales ; baie inférieure au calice, & renfermant cinq ſemences.

—1 GERMANICA. *Neflier.* Feuilles lancéolées, cotoneuſes en-deſſous, fleurs ſolitaires ſeſſiles & blanches. Se trouve dans les forêts. Fleurit en Mai.

—2 AMELANCHIER. Feuilles ovales, dentées en fcie, hériffées en-deffous; fleurs d'un blanc fale. Se trouve à Fontainebleau, dans prefque tous les rochers. Fleurit *idem*.

---

206 PYRUS. Calice à cinq divifions; cinq pétales; fruit inférieur au calice & à cinq loges, renfermant chacune plufieurs femences.

—1 COMMUNIS. *Poirier fauvage*. Feuilles liffes & dentées en fcie; fleurs en corymbe & blanches. Fleurit en Avril.

Il y a beaucoup de variétés de cette plante.

—2 MALUS. *Le Pommier ordinaire*. Feuilles dentées en fcie; ombelles feffiles; fleurs d'un blanc rouge. Fleurit *idem*. Il y a beaucoup de variétés de cette plante.

—3 CYDONIA. *Le Coignaffier*. Feuilles très-entieres; fleurs folitaires; fleurit *idem*.

---

207 SPIRÆA. Calice à cinq divifions; cinq pétales; capfules à plufieurs femences.

—1 FILIPENDULA. *Filipendule*. Feuilles ailées par interruption; folioles linéaires, lancéolées, dentées en fcie par interruption, & très-glabres; fleurs en bouquet, blanches, tachées de rouge. Commune au bois de Boulogne, & ailleurs. Fleurit en Juin.

—2 ULMARIA. *La Reine des prés.* Feuilles ailées par interruption ; folioles ovales , à double denture en fcie , & blanchâtres en deſſous ; fleurs d'un blanc fale. Fleurit en Juin, Juillet & Août.

POLYGINIE.

Styles nombreux.

208 ROSA. Calice en forme de pot , à çinq diviſions charnues , & retréci vers ſa gorge; pluſieurs ſemences hériſſées de poils , attachées aux parois intérieures du calice.

—1 RUBIGINOSA. *Eglantier odorant.* Fruits globuleux & chargés d'aiguillons recourbés; feuilles d'une couleur de rouille en deſſous ; fleurs rouges. Fleurit en Juin.

Var. Fleurs blanches.

—2 PIMPINELLIFOLIA. Fruits globuleux & liſſes, ainſi que les péduncules; tige garnie d'aiguillons épars & droits ; pétioles rudes au toucher; folioles obtuſes ; fleurs blanches. Commune dans la forêt de Fontainebleau. Fleurit en Juin.

—3 SPINOSISSIMA. Fruits globuleux & glabres ; péduncules hériſſés ; tige & pétioles très-épineux ; fleurs d'un blanc fale & quelquefois rofe. *Se trouve prefque par-tout dans la forêt de Fontainebleau. Fleurit en Juin.*

—4 VILLOSA. Fruits globuleux ; péduncules hériffés, ainfi que les fruits ; tige & pétioles parfemés d'aiguillons ; feuilles cotoneufes ; fleurs d'un blanc fale. *Se trouve fur les hauteurs de Sêve, & auffi dans les environs du village de Mongeron. Fleurit idem.*

—5 CANINA. *Eglantier de chien.* Fruits ovales & glabres, ainfi que leurs péduncules ; tiges & pétioles chargés d'aiguillons ; deux bractées oppofées, garnies de cils ; fleurs d'un rouge incarnat. *Fleurit idem.*

———————

209 RUBUS. Calice à çinq divifions ; cinq pétales ; baie compofée de grains fucculens, renfermant une femence.

—1 IDÆUS. *Le Framboifier ordinaire.* Feuilles ailées, les unes à cinq folioles, les autres à trois ; tige chargée d'aiguillons ; pétioles creufés en goutiere ; fruit rouge ou blanc ; fleurs blanches. *Fleurit en Juin.*

—2 CÆSIUS. *Ronce bleue.* Feuilles ternées, un peu nues ; (les latérales ont deux lobes ;) tige cylindrique, garnie d'aiguillons ; fleurs blanches. *Fleurit idem.*

—3 FRUTICOSUS. *Ronce ordinaire.* Feuilles digitées, les unes à cinq folioles, les autres à trois ; tige & pétioles garnis d'aiguillons ; fleurs blanches. Fleurit *idem.*

Var. Feuilles cotoneufes. Très-commune aux environs de Fontainebleau.

———

210 FRAGARIA. Calice à dix divifions ; cinq pétales ; réceptacle des graines ovale, femblable à une baie, & caduc.

——1 VESCA. *Fraifier ordinaire.* Tige pouffant des rejets traçans ; fleurs blanches. Fleurit en Avril & Mai. Il y a plufieurs variétés de cette plante.

——2 STERILIS. Tige couchée ; ftipules lancéolées, & d'une couleur ferrugineufe ; feuilles ternées, un peu ovales, foyeufes en deffous, obtufes & dentées, pétioles très-velus ; fleurs folitaires & pédunculées ; fleurs blanches. Fleurit en Mars & Avril. Se trouve dans les bois, fur les hauteurs de Sève ; à Verfailles, Montmorency & ailleurs.

———

211 POTENTILLA. Calice à dix divifions ; cinq pétales ; femences un peu arondies, nues, fixées fur un petit réceptacle non-fucculent.

——1 SUPINA. Feuilles ailées ; tige fourchue & penchée ; fleurs jaunes. Se trouve dans une mare à gauche du chemin qui va de Bondy au Rincy, & auffi dans les murailles des pieces d'eau de Saint-Cyr. Fleurit tout l'été.

—2 RECTA. Feuilles compofées de fept folioles lancéolées, dentées en fcie, un peu velues fur leur deux faces ; tige droite ; fleurs jaunes. Se trouve à Palaifeau. Fleurit en Mai & Juin.

—3 ARGENTEA. *Quinte-feuille argentée* ; feuilles à cinq folioles en forme de coin, incifées, blanchâtres & côtoneufes en-deffous ; tige droite ; fleurs jaunes. Fleurit tout l'été.

—4 ANSERINA. *Argentine des Herborifles.* Feuilles ailées dentées en fcie ; tige rampante ; péduncules chargés d'une feule fleur. Fleurit *idem* ; fleurs jaunes.

—5 VERNA. Feuilles radicales compofées de cinq folioles, ayant une denture aiguë, & obtufes à leur fommet ; feuilles de la tige compofées de trois folioles ; tige couchée. Commune au bois de Boulogne, au Mont-Valérien & ailleurs. Fleurit au commencement du printems & encore en automne ; fleurs jaunes.

—6 REPTANS. *Quinte-feuille ordinaire* ; feuilles compofées de cinq folioles, (quelquefois de fix ou fept) ; tige rampante ; péduncules chargés d'une feule fleur jaune. Fleurit en Juin & Juillet.

—7 GRANDIFLORA. Feuilles ternées, dentées, légerement couvertes de poils fur leur deux faces ; tige penchée ; fleurs jaunes. Se trouve à Fontainebleau. Fleurit en Juin.

___

212 TORMENTILLA. Calice à huit divisions ; quatre pétales ; femences rondes, nues, fixées fur un réceptacle non fucculent.

—1 ERECTA. *Tormentille*. Tige prefque droite ; feuilles feffiles. Fleurit tout l'été ; fleurs jaunes.

___

213 GEUM. Calice à dix divifions ; cinq pétales ; femences ayant une barbe recourbée en forme de coude.

—1 URBANUM. *Benoite* ou *Caryophyllata*. Fleurs droites ; fruits globuleux & velus, ayant leurs barbes crochues & nues ; feuilles en lyre ; fleurs jaunes. Fleurit en Juin & Juillet.

___

214 COMARUM. Calice à dix divifions ; cinq pétales plus courts que le calice ; réceptacle ovale, perfiftant, & d'une fubftance fpongieufe.

—1 PALUSTRE. *Quinte-feuille à fleurs rouges.* Pétales d'un rouge obfcur. Se trouve à Rouffigny, à Montfort l'Amaury, & auffi parc de Rambouillet. Fleurit à la fin de Mai.

TREIZIEME

TREIZIEME CLASSE.

POLYANDRIE.

Depuis vingt jufqu'à cent étamines inferées fur le réceptacle.

MONOGYNIE.

Un feul ftyle.

215 ACTÆA. Corolle à quatre pétales; calice de quatre feuilles; baie à une feule loge, femences demi-orbiculaires.

—1 SPICATA. *L'herbe de St. Chriftophe.* Fleurs en grappe ovale; fruits fucculens. Se trouve dans la forêt de Saint-Germain. Fleurs blanches. Fleurit en Avril & Mai.

216 CHELIDONIUM. Corolle à quatre pétales; calice de deux pieces; filique linéaire, à une feule loge.

—1 MAJUS. *Chélidoine* ou *Eclaire.* Péduncules difpofés en ombelle; fleurs jaunes. Fleurit en Mai & Juin.

Var. — *foliis quernis.* Chélidoine à feuilles de Chêne.

G

—2 GLAUCIUM. *Pavot cornu.* Péduncules chargés d'une feule fleur ; feuilles amplexicaules & finuées ; tige glabre ; fleurs jaunes. Se trouve à Bercy & ailleurs. Fleurit tout l'été.

217 PAPAVER. Corolle à quatre pétales ; calice de deux pieces ; capfule à une feule loge ; ftigmate perfiftant, en forme de plateau percé de pores , à travers lequel s'échappent les femences.

Capfules hériffées.

—1 HYBRIDUM. Capfules un peu globuleufes , ayant de petites éminences ; tige feuillée, portant plufieurs fleurs rouges. Se trouve fur les bords des chemins & foffés. Fleurit en Mai & Juin.

—2 ARGEMONE. Capfule en maffue ; tige feuillée , portant plufieurs fleurs rouges. Fleurit *idem.*

Capfules glabres.

—3 RHŒAS. *Coquelicot.* Capfules globuleufes ; tige velue , chargée de plufieurs fleurs ; feuilles ailées & incifées. Se trouve dans les moiffons ; fleurs rouges. Fleurit *idem.*

Var. Fleurs blanches.

—4 DUBIUM. Capſules oblongues ; tige chargée de pluſieurs fleurs , & garnie de poils appliqués contre ſa ſurface ; feuilles ailées & inciſées ; fleurs d'un rouge pâle. Fleurit *idem.*

218 NYMPHÆA. Corolle polypétale ; calice à quatre ou cinq feuilles ; baie à pluſieurs loges , tronquée par le ſommet. Plantes aquatiques.

—1 LUTEA. *Nénuphar jaune.* Feuilles en cœur & très-entieres ; calice de 5 feuilles remarquable par ſa grandeur ; fleurs jaunes. Fleurit en Juin , Juillet & Août.

—2 ALBA. *Nénuphar blanc.* Feuilles en cœur & très-entieres ; calice de quatre feuilles ; fleurs blanches. Fleurit *idem.*

219 TILIA. Corolle à cinq pétales ; calice à cinq diviſions ; baie ſeche , globuleuſe , à cinq loges & à cinq valves , s'ouvrant par la baſe.

—1 EUROPÆA. *Tilleul.* Péduncules adhérens à une eſpece de languette , qui ſe prolonge ſur leur moitié inférieure ; fleurs d'un blanc ſale. Fleurit en Juin.

220 CISTUS. Corolle à cinq pétales ; calice de cinq feuilles , dont deux plus petites ; ſemences renfermées dans une capſule.

—1 Umbellatus. Sous-arbriſſeau. Point de ſtipules à la baſe des feuilles ; tige couchée ; feuilles oppoſées & linéaires ; fleurs blanches en ombelle. Se trouve à Fontainebleau au-deſſus du rocher *du Cuvier Chatillon,* Fleurit en Juin & Juillet.

—2 Fumana. Sous - arbriſſeau. Point de ſtipules ; tige couchée ; feuilles alternes , linéaires , chargées d'aſpérités en leur bord ; péduncules chargés d'une ſeule fleur jaune. Très-commun à Fontainebleau au *Mail d'Henri IV ,* côté du midi. Fleurit en Juin , Juillet & Août.

—3 Guttatus. Tige herbacée , point de ſtipules ; feuilles oppoſées , lancéolées , marquées de trois nervures ; bouquet de fleurs jaunes, marquées d'une tache d'un violet noirâtre , à la baſe de chaque pétale. Fleurit en Juin.

—4 Helianthemum. *Fleur du ſoleil.* Sous-arbriſſeau. Tige couchée, ſtipules lancéolées, feuilles oblongues , un peu velues & roulées; fleurs jaunes. Fleurit tout l'été.

—5 Apenninus. Sous-arbriſſeau. Des ſtipules à la baſe des feuilles ; tige étalée; feuilles lancéolées & hériſſées de poils ; fleurs blanches, Se trouve dans les environs du château *Frayé* & de Chantilly , Compiegne & Fontainebleau, Fleurit *idem.*

TRIGYNIE.

Trois styles.

221 DELPHINIUM. Calice nul ; cinq pétales ; un nectaire terminé postérieurement par un éperon ; une seule silique dans l'espece ci-après. (D'autres especes en ont trois).

—1 CONSOLIDA. *Pied d'Alouette.* Tige un peu rameuse ; fleurs d'un beau bleu , ayant avant leur évanouissement , quelque ressemblance avec la figure d'un dauphin. Fleurit en Juin.

PENTAGYNIE.

Cinq styles.

222 AQUILEGIA. Calice nul ; cinq pétales ; cinq nectaires en forme de cornes , entre les pétales ; cinq capsules distinctes.

—1 VULGARIS. *Ancolie.* Nectaires recourbés ; fleurs bleues. Se trouve daus les bois. Fleurit en Juin.

—223 NIGELLA. Calice nul ; cinq pétales ; cinq nectaires à trois divisions , dans l'intérieur de la corolle ; cinq capsules réunies.

—1 ARVENSIS. *La Nielle.* Pétales entiers ;

capſules retrécies par le bas ; fleurs bleues &
blanches. Se trouve dans les moiſſons. Fleurit
en Juin.

———

224 ANEMONE. Calice nul ; ſix à neuf pétales ; ſemences nombreuſes.

——1 PULSATILLA. *Pulſatile* ou *coquelourde*.
Pédunculcs garnis d'une collerette ; pétales
droits ; feuilles deux fois aîlées ; fleurs d'un
bleu foncé. Se trouve ſur le bord des bois , & eſt
commune au Mont-Valérien , à Saint-Prix , dans
une petite remiſe au bas du parc de Saint-
Maur , à Chantilly , Compiegne & Fontainebleau. Fleurit en Mai.

——2 NEMOROSA. *Anémone des bois.* Semences aiguës ; feuilles inciſées ; tige uniflore;
fleurs blanches , tachées de rouge. Fleurit à
la fin de Mars.

——3 RANUNCULOIDES. *La Sylvie.* Semences
aiguës ; feuilles inciſées; tige portant une ou
deux fleurs jaunes. Dans le parc de Meudon.
Fleurit *idem*.

——4 TRIFOLIA. Feuilles ternées , ovales , non
lobées , mais dentées en ſcie ; tige chargée d'une
ſeule fleur. Se trouve forêt de Chantilly, proche
l'hermitage de Sylvie ; fleurs blanches. Fleurit en Avril.

——5 SYLVESTRIS. *Anémone ſauvage.* Péduncule nu ; ſemences un peu arondies , hériſſées de

poils femblables au duvet; fleurs d'un blanc fale.
Se trouve fur les bords de la forêt de Senlis,
près du village d'Apremont. Fleurit en Mai &
Juin.

---

225 CLEMATIS. Calice nul; quatre pétales & quelquefois cinq ou fix; femences ter
minées en queue.

—1 VITALBA. *Herbe aux gueux.* Feuilles ailées; folioles en cœur; tige grimpante; fleurs
d'un blanc fale. Fleurit en Juillet.

---

226 THALICTRUM. Calice nul; quatre ou
cinq pétales; femences fans queue.

—1 MINUS. *Le petit Pigamon.* Feuilles à fix
divifions; fleurs pendantes & jaunâtres. Se
trouve aux bois de Boulogne & à Saint-Germain. Fleurit en Juillet.

—2 FLAVUM. *Rue des prés, Pigamon* ou
Rhubarbe des Payfans. Tige fillonnée; feuilles
deux ou trois fois ailées; panicule très-garnie
& droite; fleurs jaunâtres. Fleurit *idem.*

—3 LUCIDUM. *Pigamon luifant.* Tige fillonnée & garnie de feuilles linéaires & charnues.
Se trouve fur les montagnes à Palaifeau; fleurs
jaunâtres. Fleurit *idem.*

---

227 ADONIS. Calice de cinq feuilles; cinq

pétales ou davantage , fans neɛtaire ; femences nues.

— 1 ÆSTIVALIS. Fleurs à cinq pétales ; fruits ovales ; fleurs rouges. Fleurit en Juin. Se trouve dans les moiſſons.

Var. —— Fleurs ayant cinq à huit pétales de couleur citrine , & marqués à leur baſe d'une tache noirâtre.

—2 AUTUMNALIS. Fleurs à huit pétales d'un rouge foncé ; fruit un peu cylindrique. Se trouve dans les moiſſons à Charenton. Fleurit en Août & Septembre.

—3 VERNALIS. Fleurs à douze pétales ; fruits ovales ; tige uniflore ; fleurs rouges. Se trouve dans les moiſſons entre Pantin & Bondy. Fleurit en Mai.

***

228 RANUNCULUS. Calice à cinq feuilles ; cinq pétales ayant à leurs onglets une petite écaille ; femences nues.

***

Feuilles ſimples.

— 1 FLAMMULA. *Petite Douve.* Feuilles ovales - lancéolées & pétiolées ; tige penchée par fon fommet ; fleurs jaunes. Se trouve dans toutes les mares. Fleurit tout l'été.

Var. —— Feuilles dentelées.

—2 REPTANS. Feuilles linéaires ; tige rampante ; fleurs jaunes. Fleurit *idem.*

—3 LINGUA. *Grande Douve.* Feuilles en fer de lance ; tige droite ; fleurs jaunes. Se trouve dans les fossés de l'étang d'Enguien, proche le parc Saint-Gratien. Fleurit *idem.*

—4 NODIFLORUS. Feuilles ovales & pétiolées ; fleurs sessiles & jaunes. Se trouve à Fontainebleau, autour des mares de *la belle Croix*, & de celles du Calvaire. Fleurit en Juin.

Var. — Feuilles arondies, légerement dentelées.

—5 GRAMINEUS. Feuilles linéaires, terminées en fer de lance & entieres ; tige droite très-lisse ; fleurs peu nombreuses & jaunes. Se trouve à Fontainebleau, plaine de *la Glandée*, autour des mares de Chailly, près la *Buvette Royale*, & au Calvaire. Fleurit *idem.*

—6 FICARIA. *La Ficaire* ou *herbe aux Hémorroïdes* ou *petite Chélidoine.* Feuilles pétiolées, en cœur & anguleuses en leurs bords ; tige chargée d'une seule fleur qui est jaune. Fleurit en Mars & Avril.

Feuilles découpées & divisées.

—7 AURICOMUS. Feuilles radicales en forme de rein, crénelées & incisées ; feuilles de la tige digitées & à divisions linéaires ; tige por-

G v

tant plusieurs fleurs. Les pétales ne se développent que successivement, & avortent quelquefois. Se trouve aux buttes de Sève, à Montmorency, proche l'étang de Moulignon, parc Saint-Maur, & petit parc de Meudon. Fleurs jaunes. Fleurit en Avril.

—8 SCELERATUS. *Renoncule scélérate.* Feuilles inférieures en forme de main ; feuilles supérieures plus profondément divisées ; fruits oblongs ; fleurs jaunes. Fleurit en Juin.

—9 BULBOSUS. Calices refléchis ; péduncules sillonnés ; tige droite garnie de plusieurs fleurs ; feuilles composées. Fleurit en Avril ; fleurs jaunes.

—10 REPENS. Calices ouverts ; péduncules sillonnés ; tige poussant des rejets rampans ; feuilles composées. Se trouve sur le bord des chemins & fossés humides ; fleurs jaunes. Fleurit tout l'été.

—11 POLYANTHEMOS. Calices ouverts ; péduncules sillonnés ; tige droite ; feuilles très-divisées ; fleurs jaunes. Se trouve dans les bois au-dessus de Clamart, & au Mont-Valérien. Fleurit en Juin.

—12 ACRIS. *Bouton d'or.* Calices ouverts ; péduncules cylindriques ; feuilles à trois divisions principales, dont chacune se soudivise en plusieurs autres, (celles du sommet sont linéaires) ; fleurs jaunes. Fleurit tout l'été.

—13 LANUGINOSUS. Calices ouverts ; péduncules cylindriques ; tige & pétioles velus, feuilles trifides, lobées, crénelées, & toutes foyeufes ; fleurs jaunes. Se trouve fur les montagnes à Palaifeau. Fleurit en Mai.

— 14 CHÆROPHYLLOS. Calices refléchis ; péduncules fillonnés ; tige droite, portant une feule fleur ; feuilles compofées, partagées en beaucoup de divifions linéaires ; fleur jaune. Se trouve à Palaifeau. Fleurit *idem.*

—15 ARVENSIS. Semences garnies d'aiguillons ; feuilles fupérieures partagees en plufieurs divifions linéaires ; fleurs jaunes. Se trouve dans les moiffons au-deffus de Gentilly, Bondy, Sainte-Affrfe, Maifon-Blanche, & Saint-Hubert. Fleurit tout l'été.

—16 HEDERACEUS. Feuilles un peu orbiculaires à trois lobes, très-entieres en leur bord ; tige rampante ; fleurs blanches. Se trouve dans les prés humides à Cachan, à Porchefontaine, & dans le marais *des Planets,* à Saint-Léger. Fleurit en Juillet & Août.

—17 AQUATILIS. *Grenouillette.* Feuilles capillaires & ramifiées ; fleurs blanches. Fleurit tout l'été.

Var. A. Feuilles inférieures capillaires ; feuilles fupérieures entieres, arondies & lobées.

Var. B. Feuilles capillaires, à découpures très-courtes , & dont les extrêmités font difposées circulairement.

Var. C. Feuilles capillaires très - allongées , & femblables à celles du Fenouil.

------

229 HELLEBORUS. Calice nul ; cinq pétales ou davantage; plufieurs nectaires tubulés , & à deux levres; capfules un peu redreffées & à plufieurs femences.

—1 FÆTIDUS. *Pied de Griffon*. Tige feuillée ; portant plufieurs fleurs ; pétioles à deux divifions , dont les côtés intérieurs portent les feuilles ; fleurs vertes ; pétales bordées de rouge. Se trouve dans les forêts de Bondy , Senart , & Chantilly. Fleurit tout l'hiver.

------

230 CALTHA. Calice nul ; cinq pétales ; point de nectaire ; plufieurs capfules , dont chacune renferme plufieurs femences.

—1 PALUSTRIS. *Souci des marais*. Fleurit en Mars & Avril.

QUATORZIEME CLASSE.

DIDYNAMIE.

Quatre étamines, dont deux plus longues
que les autres.

GYMNOSPERMIE.

Semences nues.

231 AJUGA. Levre supérieure de la corolle
très-courte, & dépassée par les étamines.

—1 PYRAMIDALIS. *Bugle pyramidale.* Tige
velue, ayant l'aspect d'une pyramide à quatre
faces ; feuilles radicales très-grandes ; fleurs
bleues. Fleurit en Juin.

—2 REPTANS. *Bugle.* Tige glabre poussant
des rejets rampans ; fleurs bleues. Il y a deux
variétés, l'une à fleurs blanches, l'autre à fleurs
rougeâtres. Fleurit *idem.*

---

232 TEUCRIUM. Levre supérieure de la
corolle nulle, où dont il n'existe qu'une espece
de rudiment partagé en deux divisions, qui divergent de part & d'autre des étamines.

—1 BOTRYS. *Botrys.* Feuilles aîlées , dont les pinnules ont trois lobes; fleurs latérales , difpofées trois à trois , pédunculées, & d'un rouge pâle. Se trouve dans les endroits cultivés. Fleurit en Juin & Juillet.

—2 CHAMÆPITYS. *Petite Ivette.* Feuilles divifées en trois fegmens linéaires & très-entiers ; fleurs feffiles , latérales & folitaires ; tige étalée. Fleurit en Mai , Juin & Juillet ; fleurs jaunes.

—3 SCORODONIA. *Sauge des bois.* Feuilles en cœur, dentées en fcie & pétiolées; grappes de fleurs latérales & tournées du même côté; tige droite; corolle blanchâtre ; filamens des étamines tirant fur le pourpre. Fleurit en Juin, Juillet & Août.

—4 SCORDIUM. *La Germandrée d'eau.* Feuilles oblongues , feffiles , dentées en fcie ; fleurs axillaires , géminées & pédunculées ; tige étalée ; fleurs rouges. Se trouve dans les endroits marécageux. Fleurit *idem.*

—5 CHAMÆDRYS. *Germandrée ou Petit-Chêne.* Feuilles ovales , un peu rétrécies en coin, incifées , crénelées & pétiolées ; fleurs difpofées par trois ; tiges penchées & légerement velues ; fleurs rouges. Fleurit *idem.*

Var. Tige rampante.

—6 MONTANUM. *Germandrée de Montagne.* Fleurs en corymbe terminal ; feuilles lancéo-

lées , très-entieres , cotoneufes en-deffous , &
écartées les unes des autres ; fleurs blanchâtres.
Se trouve forêt de Saint-Germain, dans le creux
du Val , à Compiegne , & à Fontainebleau , au
petit mont- Sauvet , & fur les hauteurs le long
de là route qui conduit à Bouron. Fleurit en
Juillet & Août.

Var. Feuilles très-étroites.

———

233 NEPETA. Levre inférieure de la corolle ayant fon lobe du milieu crénelé ; bord
de la gorge du tube refléchi ; étamines rapro-
chées.

—1 CATARIA. *La Cataire* ou *Herbe aux Chats.*
Fleurs en épi , verticillées , légerement pédunculées ; feuilles pétiolées , en cœur , dentées en fcie ; fleurs blanches. Fleurit en Juin
& Juillet.

———

234 SIDERITIS. Etamines renfermées dans
le tube de la corolle ; l'un des ftigmates plus
court que l'autre , & formant comme une gaîne
à l'entour.

—1 HIRSUTA. *La Crapaudine.* Feuilles lancéolées , obtufes , dentées & velues ; bractées
garnies de dents femblables à de petites épines ; tiges hériffées de poils & couchées ; fleurs

d'un blanc fale. Se trouve fur le bord des chemins & foffés, & dans les champs. Fleurit
tout l'été.

————

235 MENTHA. Corolle peu fenfiblement
labiée, ayant quatre divifions, dont une plus
large & échancrée; étamines droites & écartées.

——1 SYLVESTRIS. *Menthe fauvage.* Epis
oblongs ; feuilles oblongues dentées en fcie,
cotoneufes & feffiles ; étamines plus longues
que la corolle ; fleurs d'un rouge pâle, & quelquefois toutes blanches. Se trouve à Bondy
& à Longjumeau. Fleurit en Juin & Juillet.

——2 VIRIDIS. *Beaume verd.* Epis oblongs,
feuilles lancéolées, nues, dentées en fcie & feffiles ; étamines plus longues que la corolle ;
fleurs rouges & blanches. Se trouve à Lify.
Fleurit *idem.*

——3 ROTUNDIFOLIA. Epis oblongs ; feuilles
un peu arondies, ridées, crénelées & feffiles ;
fleurs d'un rofe pâle. Fleurit *idem.*

——4 AQUATICA. *Menthe aquatique.* Fleurs
en tête ; feuilles ovales, dentées en fcie, & pétiolées ; étamines plus longues que la corolle ;
fleurs rouges. Fleurit *idem.*

——5 GENTILIS. Fleurs verticillées ; feuilles
ovales, terminées en pointe aiguë & dentées en
fcie ; étamines plus courtes que la corolle. Si

l'on a trouvé des pieds de cette plante à la campagne , ils provenoient des graines de ceux des jardins où elle eſt très-commune , & pullule facilement.

—6 ARVENSIS. *Menthe des champs.* Fleurs verticillées ; feuilles ovales-aiguës , dentées en ſcie ; étamines auſſi longues que la corolle ; fleurs rouges. Fleurit *idem.*

—7 PULEGIUM. *Menthe Pouliot.* Fleurs verticíllées ; feuilles ovales , obtuſes , légérement crénelées ; tige un peu cylindrique & rampante; étamines plus longues que la corolle ; fleurs rouges. Fleurit en Août & Septembre.

———

236 GLECOMA. Chaque paire d'anthères connivente , en forme de bras de croix ; calice à cinq diviſions.

—1 HEDERACEA. *Lierre terreſtre.* Feuilles en forme de rein & crenelées ; fleurs bleues. Fleurit en Avril & Mai.

———

237 LAMIUM. Levre ſupérieure de la corolle entiere, & courbée en forme de voûte; levre inférieure à deux lobes ; gorge de la corolle dentée en ſcie de part & d'autre en ſon bord.

—1 ALBUM. *Ortie blanche.* Feuilles en cœur , terminées en pointes aiguës , dentées en ſcie , & pétiolées; verticilles compoſés d'environ vingt fleurs blanches. Fleurit tout l'été.

Var. Fleurs d'un rouge pâle.

—2 PURPUREUM. Feuilles en cœur terminées en pointe obtufe, & toutes pétiolées. Il y
une variété à feuilles aïguës & profondément incifées. Fleurs rouges. Cette plante eft du premier printemps. On en trouve cependant tout
l'été.

—3 AMPLEXICAULE. Feuilles florales feffiles, amplexicaules & obtufes ; fleurs rouges.
Fleurit *idem.*

---

238 GALEOPSIS. Levre fupérieure de la corolle un peu crénelée, & en forme de voûte ; levre
inférieure garnie de deux dents à fa naif-
fance.

—1 LADANUM. *Ortie rouge.* Entre-nœuds de
la tige égaux ; tous les verticilles des fleurs
écartés ; calices non épineux ; fleurs rouges.
Se trouve dans les moiffons. Fleurit en Juillet
& Août.

—2 TETRAHIT. *Ortie royale.* Entre-nœuds
renflés dans leur partie fupérieure ; verticilles
du haut prefque contigus ; calice garni de dents
un peu piquantes ; fleurs rouges ou blanches.
Fleurit *idem.*

—3 GALEOBDOLON. *Ortie jaune.* Verticilles
compofés de fix fleurs. (Le genre de cette
plante, dit Linnæus, n'eft pas déterminé net-
tement, parce que la levre inférieure de la co-

rolle n'eft point garnie de dents ; les feuilles font quelquefois marquées de taches blanches. La racine pouffe de longs rejets). La Flore Françoife fait de cette efpece un *Leonurus*, tom. II , p 384. Fleurs jaunes. On la trouve dans prefque tous les bois. Fleurit en Mai.

----

239 BETONICA. Calice dont les divifions imitent les barbes d'un épi ; levre fupérieure de la corolle relevée & un peu plane ; tube cylindrique.

—1 OFFICINALIS. *Bétoine ordinaire.* Epi de fleurs interrompu ; divifion moyenne de la levre de la corolle échancrée ; fleurs rouges. Fleurit en Juillet.

Var. Fleurs blanches.

----

240 STACHYS. Levre fupérieure de la corolle en forme de voûte ; levre inférieure réfléchie par les côtés , ayant fa divifion moyenne échancrée, & plus grande que les latérales ; étamines dont les filamens en fe deffechant fe rejettent de côté.

—1 SYLVATICA. *Epiaire des bois.* Feuilles en cœur & périolées ; verticilles de fix fleurs rouges. Fleurit en Juin.

—2 PALUSTRIS. *Epiaire des marais.* Verticilles rarement de fix fleurs; feuilles lancéolées, linéaires, à demi amplexicaules & feffiles; fleurs rouges. Fleurit en Juillet & Août.

—3 ALPINA. *Epiaire des Alpes.* Verticilles très-garnis; dentures des feuilles comme cartilagineufes à leur fommet; levre inférieure de la corolle plane; fleurs rouges. Se trouve peloufe d'Avron. Fleurit *idem.*

—4 GERMANICA. *Epiaire* ou *Marrube d'Allemagne.* Verticilles très-garnis; dentures des feuilles imbriquées; tige cotoneufe; fleurs rouges. Fleurit *idem.*

—5 ANNUA. *Epiaire annuelle.* Verticilles de fix fleurs; feuilles ovales-lancéolées, à trois nervures, liffes & pétiolées; tige droite; fleurs blanches. Se trouve dans les endroits cultivés. Fleurit *idem.*

—6 ARVENSIS. *Epiaire des champs.* Verticilles de fix fleurs; feuilles obtufes, prefque nues, corolle égale en longueur au calice; tige foible. La divifion moyene de la levre inférieure n'eft point échancrée. (La Flore françoife fait de cette efpece un *leonurus*; voyez *Cardiaca* ibid.) Fleurs rougeâtres. Fleurit *idem.*

241 BALLOTA. Calice en forme de foucoupe, garni de cinq dents & marqué de dix ftries; levre fupérieure de la corolle crenelée & concave.

—1 NIGRA. *Marrube noir.* Feuilles en cœur non-divifées en lobes , mais dentées en fcie ; calice terminé par des pointes aïguës ; fleurs rouges. Fleurit en Juillet & Août.

—2 ALBA. *Ballote blanche.* Feuilles en cœur, non-divifées en lobes , mais dentées en fcie ; calice un peu tronqué. (Linnæus foupçonne que ce n'eft qu'une variété de l'efpece précédente.) Fleurs blanches. Se trouve parc de Vincennes , le long des murailles , & auffi dans les environs d'Auteuil & du Point-du-Jour. Fleurit *idem.*

* * *

242 MARRUBIUM. Calice en forme de foucoupe , d'une fubftançe roide , & marqué de dix ftries ; levre fupérieure de la corolle fendue en deux , linéaire & droite.

—1 VULGARE. *Marrube blanc.* Dents calicinales déliées comme des foies & crochues ; fleurs d'un blanc fale. Fleurit en Juillet & Août.

* * *

243 LEONURUS. Anthères parfémées de points brillants.

—1 CARDIACA. *Agripaume.* Feuilles de la tige lancéolées & à trois lobes ; fleurs purpurines ou blanches. Fleurit en Juin & Juillet.

—2 MARRUBIASTRUM. Feuilles dentées en

ſcie ; les unes ovales & les autres lancéolées ; calices feſſiles & épineux ; fleurs rouges & blanches. Se trouve à Etampes. Fleurit *idem.*

—————

244 CLINOPODIUM. Fleurs accompagnées d'une eſpece de collerette compoſée d'une multitude de folioles très - déliées.

—1 VULGARE. *Grand Baſilic ſauvage.* Têtes de fleurs un peu arrondies & hériſſées ; fleurs purpurines ou blanches. Fleurit en Juin & Juillet.

—————

245 ORIGANUM. Fleurs en épi interrompu par des feuilles, qui lui donnent l'aſpect d'un chaton à quatre angles, & qui enveloppent les calices.

—1 VULGARE. *Origan.* Epi un peu arrondi ; paniculé & ramaſſé ; bractées ovales, plus longues que le calice ; fleurs purpurines. Fleurit en Juillet & Août.

Var. Fleurs blanches.

—————

246 THYMUS. Calice à deux levres, dont l'entrée eſt fermée par des poils.

—1 SERPYLLUM. *Serpolet.* Fleurs en tête ; tiges rampantes ; feuilles planes, obtuſes & garnies de cils à leur baſe ; fleurs purpurines. Fleurit en Juin, Juillet & Août.

Var. Fleurs étroites & velues.

—2 ACINOS. *Petit Basilic sauvage.* Fleurs verticillées ; péduncules chargés d'une seule fleur ; tiges droites un peu rameufes ; feuilles aiguës & dentées en fcie ; fleurs purpurines. Fleurit *idem.*

247 MELISSA. Calice dépourvu de poils à fon entrée, un peu plat en deffus, ayant fa levre fupérieure prefque plane ; levre fupérieure de la corolle un peu en voûte, & à deux divifions ; lobe moyen de la levre inférieure échancré en cœur.

—1 OFFICINALIS. *La Méliffe.* Grappes de fleurs latérales & verticillées ; pédicules fimples ; fleurs d'un blanc fale. Se trouve au pré de Saint-Gervais, à Auteuil & dans le parc de Saint-Cloud. Fleurit en Juin & Juillet.

—2 CALAMINTHA. *Calament de montagne.* Péduncules axillaires, fourchus & de la longueur des feuilles ; tige droite ; fleurs purpurines. Se trouve à Meudon, bois des Camaldules, & forêt de Saint-Germain. Fleurit *idem.*

—3 NEPETA. *Petit Calament de montagne.* Péduncules axillaires, fourchus & plus longs que les feuilles ; tige hériffée & montante ; feuilles un peu en cœur & glabres en deffus ; braĉtées en fer d'alène ; corolle bleuâtre, ayant fon palais bordé de blanc & de bleu. Se trouve

à la Ferté fous Jouare , & dans un petit bois
au deſſus de Tribardou. Fleurit *idem.*

---

248 MELITTIS. Calice plus ample que le
tube de la corolle ; levre fupérieure de la corolle plane ; levre inférieure crénelée, anthères
difpofées en forme de bras de croix.

—1 MELISSOPHYLLUM *Meliſſe batarde*, ou
Meliſſe des bois. Fleurs très-grandes , fleurs
don , aux buttes dé Sêve , dans les bois du
blanches , tachées de rofe ; anthères jaunes &
plus courtes que la corolle. Se trouve à Meu-
Pleſſis-Piquet & ailleurs. Fleurit à la fin de
Mai.

---

249 SCUTELLARIA. Calice dont le bord
eſt entier & qui fe ferme après la floraifon, à
l'aide d'une efpece d'opercule.

—1 GALERICULATA. *La Toque.* Feuilles
échancrées à leur bafe, lancéolées & crénelées;
fleurs axillaires & bleues. Se trouve dans
les marais & foſſés aquatiques. Fleurit en Juillet
& Août.

—2 MINOR. *Petite Toque.* Feuilles ovales,
échancrées en leur bafe & prefque entieres ;
fleurs axillaires & purpurines. Se trouve dans
les bois humides , comme à Meudon , Senart,
Saint-Hubert. Fleurit *idem.*

250 PRUNELLA.

250 PRUNELLA. Filamens des étamines partagés à leur sommet en deux divisions, dont l'une porte les anthères ; stigmate fourchu.

—1 VULGARIS. *Brunelle* ou *Prunelle.* Toutes les feuilles ovales-oblongues, dentées en scie & petiolées ; fleurs purpurines. Fleurit en Juin.

— Var. Grandes fleurs bleues. Se trouve à Fontainebleau sur les bords de la montagne en descendant à Bouron. Fleurit en Juillet & Août.

—2 LACINIATA. *Brunelle laciniée.* Feuilles ovales - oblongues, pétiolées ; les quatre supérieures lancéolées & dentées ; fleurs purpurines. Fleurit en Juin.

ANGIOSPERMIE,

Semences renfermées dans un péricarpe.

251 RHINANTHUS. Calice à quatre divisions & ventru ; capsule obtuse, comprimée, à deux loges.

—1 CRISTA GALLI. *Crête de Coq.* Levre supérieure de la corolle comprimée, & plus courte que l'inférieure ; fleurs d'un jaune pâle. Se trouve dans les prés. Fleurit en Mai.

H

252 EUPHRASIA. Calice à quatre divifions & cylindrique ; capfule ovale - oblongue à deux loges; anthères divifées poftérieurement en deux lobes aigus ; l'un des lobes des anthères inférieures , garni d'une petite épine à fa bafe.

—1 OFFICINALIS. *Eufraife.* Feuilles marquées de petites lignes & finement dentées; fleurs blanches rayées de noir. Fleurit tout l'été.

—2 ODONTITES. *Eufraife dentée.* Feuilles linéaires toutes dentées en fcie; fleurs rougeâtres. Fleurit en Juillet & Août.

253 MELAMPYRUM. Calice à quatre divifions ; levre fupérieure de la corolle comprimée & repliée en fon bord ; capfule oblique à deux loges , & s'ouvrant de la pointe à la bafe; deux femences relevées en boffe.

—1 CRISTATUM. Fleurs en épi à quatre angles ; bractées en forme de cœur , compactes, garnies de petites dents & imbriquées ; fleurs jaunes & purpurines. Se trouve au bois de Boulogne , forêt de Saint-Germain & de Senart. Fleurit en Juin.

—2 ARVENSE. *Bled de Vache ou Rougeole.* Epis de fleurs lâches & en forme de cône ; bractées colorées & garnies de dents déliées comme une soie; fleurs jaunes & purpurines. Se trouve dans les moissons. Fleurit en Juin, Juillet & Août.

—3 SYLVATICUM. *Bled de Vache des bois.* Fleurs latérales tournées toutes du même côté, & disposées par paires écartées entr'elles; corolle ouverte; fleurs jaunes. Se trouve dans les bois. Fleurit tout l'été.

———

254 LATHRÆA. Calice à quatre divisions; une glande aplatie, située à la base de la future de l'ovaire; capsule à une seule loge.

—1 SQUAMARIA. *La Clandestine.* Tige très-simple; corolles pendantes, ayant leur levre inférieure divisée en trois. Cette plante est indiquée, comme se trouvant dans l'enclos des Capucins de Meudon; mais je ne l'ai pas encore trouvée dans les environs de Paris.

———

255 PEDICULARIS. Calice à cinq divisions; capsule oblique, terminée en pointe saillante, & à deux loges; semences renfermées dans une tunique.

—1 PALUSTRIS. *Herbe aux poux, des marais.* Tige rameuse; calices en crête, chargés de points calleux; levre de la corolle oblique. Cette plante est commune dans les marais de

Meudon , Ville-d'Avray , Neuilly-fur-Marne &
ailleurs. Fleurs purpurines. Fleurit au printemps
& en Automne.

——2 SYLVATICA. *Herbe aux poux , des bois.*
Tige rameufe ; calices oblongs , anguleux, liffes ; levres de la corolle en cœur; fleurs purpurines. Se trouve dans les marais des bois , à
Meudon, aux buttes de Sêve, à Bievre & ailleurs. Fleurit en Mai , Juin & Juillet.

<hr>

256 ANTIRRHINUM. Calice de cinq feuilles ; bafe de la corolle formant une faillie qui
regarde la terre; capfule à deux loges.

<hr>

Feuilles à plufieurs angles.

——1 CYMBALARIA. *Cymbalaire.* Feuilles échancrées à leur bafe ; à cinq lobes, & alternes ;
tige couchée ; femences ridées comme une
noix ; fleurs blanches , tachées de violet. Fleurit
tout l'été.

——2 ELATINE. *Elatinée.* Feuilles en fer de
pique & alternes ; tige couchée ; fleurs jaunes
tâchées de noir. Se trouve dans les endroits
cultivés , & eft commune à la queue de l'étang
d'Enguien, proche le mur du parc de Saint-
Gratien. Fleurit en Juillet & Août.

——3 SPURIUM. *La Velvote.* Feuilles ovales

alternes; tige très-couchée ; fleurs jaunes , tâchées de noir. Se trouve dans les endroits culti-vés. Fleurit en Juin , Juillet & Août.

* * *

Feuilles oppofées.

—4 REPENS. Feuilles linéaires & ferrées entre elles , les inférieures difpofées par quatre; calice auffi long que les capfules ; fleurs jaunes. Se trouve à Montrouge. Fleurit *idem.*

—5 MONSPESSULANUM. *Petite linaire.* Feuilles linéaires & ferrées entr'elles ; tige luifante & paniculée ; péduncules nus, & difpofés en épis. (Cette efpece fe rapproche beaucoup de la précédente). Fleurs changeantes du bleu au blanc. Fleurit tout l'été.

—6 BIPUNCTATUM. Feuilles linéaires & glabres , les inférieures difpofées par quatre ; tige droite & paniculée ; fleurs jaunes ramaffées en tête, qui imitent la forme d'un épi. Très-commune fur les murailles de Cachan , & dans les moiffons de Villeneuve-Saint-George , au-deffus des fourches patibulaires. Fleurit en Juin , Juillet & Août.

—7 SUPINUM. Feuilles linéaires difpofées trois à trois, ou quatre à quatre ; tige étalée ; fleurs jaunes en grappe , ayant leurs éperons droits. Se trouve dans tous les champs fablonneux. Fleurit tout l'été.

H iij

—8 Arvense. Feuilles prefque linéaires ; les inférieures difpofées par quatre; calice chargé de poils vifqueux ; fleurs en épi; tige droite; fleurs jaunes. Se trouve dans les endroïts cultivés à Crecy. Fleurit en Juin.

* * *

Feuilles alternes.

—9 Minus. *Petit mufle de veau.* Feuilles la plupart alternes, lancéolées & obtufes; tige étalée & très-rameufe; fleurs d'un blanc pourpré. Se trouve dans endroits cultivés, & très-fouvent fur les murailles. Fleurit en Juin & Juillet.

—10 Linaria. *Linaire.* Feuilles lancéolées-linéaires, & ferrées entr'elles; tige droite; fleurs imbriquées, en épi terminal & feffile, d'un jaune pâle, avec une teinte de couleur fafrannée à la gorge de la corolle. Fleurit *idem.*

* * *

Corolles ouvertes en deux ou fans éperons.

—11 Majus. *Grand mufle de Veau.* Fleurs en épi ; calices arondis; grandes fleurs purpurines ou blanches. Fleurit *idem.*

—12 Orontium. *Tête de Mort.* Fleurs un peu en épi; calices digités & plus longs que la corolle; fleurs rouges. Se trouve dans les moiffons &

dans les vignes. Fleurit en Juillet & Août.

---

257 SCROPHULARIA. Calice à cinq divifions ; corolle un peu globuleufe & renverfée ;
capfule à deux loges.

—1 NODOSA. *Grande Scrophulaire.* Feuilles
en cœur , marquées de trois nervures ; tige dont
les faces forment entr'elles des angles obtus ;
fleurs d'un pourpre foncé. Se trouve dans
les bois. Fleurit en Juin & Juillet.

—2 AQUATICA. *Herbe du fiége* ou *Bétoine
d'eau.* Feuilles en cœur , obtufes , pétiolées &
courantes fur la tige, qui eft garnie de membranes à fes angles ; grappes de fleurs terminales ;
fleurs d'un pourpre foncé. Fleurit *idem.*

---

258 DIGITALIS. Calice à cinq divifions ;
corolle campanulée, ventrue & à cinq divifions ;
capfule ovale & à deux loges.

—1 PURPUREA. *Grande Digitale.* Feuilles calicinales - ovales & aiguës ; corolles obtufes ,
dont la levre fupérieure eft entiere ; parois intérieures du ventre de la corolle parfemées de
taches rouges œilletées; fleurs rouges. Se trouve
dans les bois. Fleurit en Juin & Juillet.

—2 LUTEA. *Digitale jaune.* Feuilles calicinales lancéolées ; corolle aiguë , dont le bord

H iv

fupérieur eſt fendu en deux; fleurs jaunes. Se trouve fur les hauteurs de Clamart, & à Fontainebleau, fur les côteaux qui bordent la riviere du côté de Valvin. Fleurit *idem*.

———

259 LIMOSELLA. Calice à cinq diviſions; corolle à cinq diviſions, égal en ſon bord; étamines rapprochées par paires; capſule à une ſeule loge, à deux valves & à pluſieurs ſemences.

—1 AQUATICA. Feuilles lancéolées; fleurs d'un blanc ſale. Se trouve autour des mares, allées & ornieres des forêts de Montmorency, Bondy & Senart. Fleurit en Juillet.

———

260 OROBANCHE. Calice à deux diviſions; corolle à deux levres; capſule à une ſeule loge, à deux valves, & à pluſieurs ſemences; une petite glande ſous la baſe de l'ovaire.

—1 LÆVIS. *Orobanche liſſe.* Tige liſſe & très-ſimple; étamines ſaillantes hors de la corolle; fleurs d'un bleu ametiſte. Se trouve dans le parc de Saint-Fargeau, & le bois de Vincennes. Fleurit en Juin.

—2 MAJOR. *Orobanche.* Tige très-ſimple & chargée de duvet; étamines un peu ſaillantes hors de la corolle; fleurs d'un rouge jaunâtre comme toute la plante. Fleurit *idem*.

—3 RAMOSA. Tige rameuse; corolle à cinq divisions; fleurs d'un bleu amétifte. Se trouve dans les chanvrieres, depuis Fontenay-aux-Rofes jufqu'à Lonjumeau. Fleurit en Juin, Juillet & Août.

QUINZIEME CLASSE.

TETRADYNAMIE.

Fleurs cruciformes, de Tournefort.

Six étamines, dont quatre plus longues que les deux autres qui font oppofées.

PLANTES A SILIQUES COURTES.

261 MYAGRUM. Siliques terminées par un ftyle en forme de cône; une ou deux femences dans chaque cavité.

—1 PERFOLIATUM. Siliques un peu en cœur & prefque feffiles; feuilles amplexicaules; cavités latérales de la filique vides; fleurs jaunes. Se trouve dans les endroits cultivés. Fleurit en Juin.

—2 SATIVUM. *Cameline cultivée.* Siliques un peu ovales, pédunculées & à plufieurs femences; fleurs *idem.* Fleurit *idem.*

—3 PANICULATUM. *Cameline paniculée.* Si-

liques en forme de lentilles , orbiculaires &
marquées de rides ponctuées; fleurs jaunes. Se
trouve en allant de Charenton à Saint-Maur,
fur les côteaux qui bordent la Marne , dans
la plaine entre Saint-Maur & Champigny, &
à Nanterre. Fleurit *idem.*

262. DRABA. Silique entiere & ovale-oblon-
gue; valves un peu planes , & paralleles à la
cloifon; ftyle nul.

—1 VERNA. *Drave printaniere.* Hampes nues;
feuilles un peu dentées en fcie; fleurs blanches. Fleurit en Mars & Avril.

—2 MURALIS. *Drave des murailles.* Tige rameufe; feuilles ovales , feffiles & dentées; les
peduncules qui portent les fruits font horifon-
taux & plus longs que les filiques; fleurs jaunes ou blanches. Se trouve fur les bords des
chemins & foffés à Montmorency. Fleurit *idem.*

263. LEPIDIUM. Siliques échancrées en forme de cœur, & renfermant plufieurs femences; valves relevées en carêne, & fituées en
fens contraire de la cloifon. Dans quelques efpeces , deux ou trois étamines avortent fouvent.

—1 NUDICAULE. Hampe nue & très-fimple ; fleurs à quatre étamines ; feuilles ailées; fleurs blanches. Cette plante eft commu-

ne aux bois de Boulogne & de Clamart. Fleurit en Mai.

—2 PROCUMBENS. Feuilles finuées & ainées, dont la plus haute eft plus grande que les autres ; fleurs d'un blanc fale. Se trouve au bois de Boulogne & plaine du Point-du-Jour. Fleurit en Avril & Mai.

—3 PETRÆUM. Feuilles ailées & très - entieres ; pétales échancrés & plus courts que le calice ; fleurs d'un blanc fale. Fleurit *idem.* Se trouve à Fontainebleau, au *Mail d'Henri IV.*

—4 LATIFOLIUM. *Grand Pafferage.* Feuilles ovales-lancéolées, entieres, dentées en leurs bords ; fleurs blanches. Se trouve dans toutes les ifles de Charenton & à Saint-Maur, le long de la Marne. Fleurit en Juillet & Août.

—5 RUDERALE. Fleurs fouvent à deux étamines, fans pétales ; feuilles de la racine dentées profondément ; feuilles des rameaux linéaires, & très-entieres ; fleurs blanches. Se trouve fur les montagnes à Palaifeau. Fleurit en Mai.

—6 IBERIS. *Petit Pafferage.* Fleurs fouvent à deux étamines & à quatre pétales ; feuilles inférieures lancéolées & dentées en fcie ; les fupérieures linéaires & très-entieres; fleurs d'un blanc fale. Se trouve le long des murailles de prefque tous les villages, notamment celui de Montreuil. Fleurit tout l'été & l'automne.

H vj

264 THLASPI. Silique échancrée , un peu
en cœur, & à plusieurs semences ; valves semblables à de petites nacelles , entourées d'un
rebord saillant.

—1 ARVENSE. *Monnoyere.* Siliques orbiculaires ; feuilles oblongues & glabres ; fleurs
blanches. Fleurit tout l'été.

—2 CAMPESTRE. Siliques un peu arondies ;
feuilles en fer de fleche dentées & blanchâtres ;
fleurs d'un blanc sale. Se trouve sur le bord des
chemins & fossés. Fleurit en Mai & Juin.

—3 PERFOLIATUM. Siliques un peu en cœur ;
feuilles de la tige en cœur, glabres, un peu
dentées ; pétales de la longueur du calice ; tige
rameuse ; fleurs blanches. Se trouve parc de
Saint - Cloud , prés Saint - Gervais & ailleurs.
Cette plante aime les terrains glaiseux. Fleurit
en Mars & Avril.

—4 BURSA PASTORIS. *Bourse de Pasteur.* Siliques un peu en cœur ; feuilles de la racine ailées. Fleurit tout l'été.

265 COCHLEARIA. Siliques échancrées ,
renflées , rudes au toucher : valves relevées en
bosse & obtuses.

—1 CORONOPUS. *Ambroisie des Anciens.*

Feuilles ailées ; tige couchée. Fleurit tout l'été; fleurs d'un blanc sale.

—2 ARMORACIA. *Cran* ou *Réfort.* Feuilles de la racine lancéolées & crénelées ; feuilles de la tige incisées ; fleurs blanches. Se trouve à Belleville, la Villette, & Fontenay-aux-Roses. Fleurit en Juin.

—3 DRABA. *La Drave.* Feuilles lancéolées, amplexicaules & dentées ; fleurs blanches. Cette plante est on ne peut plus commune à Montmartre, derriere l'enclos de l'Abbaye, & aussi sur le bord des vignes de Paris à Montreuil, & de Charenton à Saint-Maur, sur les côteaux qui bordent la Marne. Fleurit en Juin & Juillet.

266 IBERIS. Corolle irréguliere, dont les deux pétales extérieurs sont plus grands que les autres ; siliques échancrés & à plusieurs semences.

—1 AMARA. *Thlaspi des Jardiniers.* Feuilles lancéolées, aiguës, un peu dentées; fleurs blanches & en grappes. Fleurit en Juin & Juillet.

—2 NUDICAULIS. Feuilles sinuées, hampe nue & simple; fleurs blanches. Se trouve au bois de Boulogne & ailleurs. Fleurit en Avril.

267 ALYSSUM. Quelques-uns des filets des étamines garnis intérieurement d'une dent ; siliques échancrées.

— 1 SPINOSUM. Pétales blancs & entiers ; grappes de fleurs, qui en vieilliſſant acquierent des épines ; étamines dépourvues de dents (par exception au caractere générique) ; fleurs d'un blanc ſale. Se trouve à Fontainebleau. Fleurit en Avril.

— 2 CALYCINUM. *La petite Corbeille d'or.* Filets de toutes les étamines dentés ; calices perſiſtans ; fleurs jaunes. Fleurit *idem.*

— 3 MONTANUM. Tige étalée ; feuilles un peu lancéolées, parſémées de points ſaillans, diſpoſés en étoile ; fleurs d'un jaune pâle. Se trouve dans les environs du château *Frayé.* Fleurit *idem.*

SILIQUES BEAUCOUP PLUS LONGUES
QUE LARGES.

268 CARDAMINE. Siliques qui s'ouvrent par un mouvement élaſtique, & dont les valves ſe roulent ſur elles - mêmes ; ſtigmate entier ; calice un peu lâche.

— 1 PRATENSIS. *Creſſon élégant.* Feuilles ailées ; les radicales ont leurs folioles un peu arrondies , & celles de la tige les ont lancéolées ; fleurs violetes. Se trouve dans les marais & prés bas. Fleurit en Avril.

—2 A MARA. Feuilles ailées, (celles de la tige ont leurs folioles élargies & anguleuses) ; fleurs violetes. Se trouve dans le parc de Saint-Maur , le long de la Marne, & dans les prés du Point-du-Jour. Fleurit *idem*.

———

269 DENTARIA. Silique qui s'ouvre par un mouvement élastique , & dont les valves se roulent sur elles mêmes; stigmate échancré;calice appliqué longitudinalement contre la corolle.

—1 BULBIFERA. Feuilles inférieures ailées ; feuilles supérieures simples. Je n'ai pas encore trouvé cette plante.

———

270 SISYMBRIUM. Silique, dont les valves en s'ouvrant, restent presque droites, calice & corolle lâches.

—1 NASTURTIUM. *Cresson de fontaine.* Siliques inclinées ; feuilles ailées, dont les folioles sont un peu en cœur ; fleurs blanches. Se trouve dans les fossés & rivieres. Fleurit tout l'été.

—2 SYLVESTRE. *Cresson de riviere.* Siliques inclinées, ovales-oblongues, dont les folioles sont lancéolées & dentées en scie ; fleurs jaunes.

Se trouve fur le bord des rivieres. Fleurit *idem.*

—3 Amphibium. *Raifort fauvage.* Siliques inclinées, ovales-oblongues ; feuilles ayant leur folioles ailées & dentées en fcie ; fleurs jaunes. Fleurit en Mai & Juin.

—4 Tenuifolium. *Roquette fauvage.* Feuilles très-entieres ; les inférieures trois fois ailées, les fupérieures fimples ; fleurs jaunes. Fleurit tout l'été.

—5 Supinum. Siliques axillaires, folitaires & prefque feffiles ; feuilles finuées à découpures aiguës ; Fleurs d'un blanc fale. Se trouve dans les ifles de Charenton, & eft très-commune à l'ifle des Cignes. Fleurit tout l'été.

—6 Murale. Tige prefque nulle ; feuilles lancéolées, finuées, dentées en fcie, & prefque liffes fur leurs faces; hampes droites un peu rudes au toucher. Les feuilles ont leurs dents très-écartées entr'elles. Fleurs jaunes. Cette plante eft commune dans les endroits fabloneux ; notamment dans les plaines du Point-du-Jour, à Sève, & dans les endroits cultivés, au deffus de Montreuil-aux-Fruits. Fleurit tout l'été.

—7 Vimineum. Tige nulle ; feuilles liffes & en lyre ; péduncules en forme de hampes droites ; fleurs très-petites & jaunes. Se trouve fur le bord des vignes, avant d'arriver à la porte Saint-Mandé, à Courbevoye, Puteaux, Colombe & Nanterre. Se trouve auffi aux Tui-

leries dans les plates-bandes du Pont-Tournant.
Fleurit en Juin , Juillet & Août.

—8 BARRELIERI. Tige rameufe & un peu
nue ; feuilles radicales profondément découpées en lobes aigus & hériffés de poils ; fleurs
d'un blanc fale. Se trouve dans les endroits cultivés , à Lonjumeau. Fleurit en Juin.

—9 SOPHIA. *Taliðron* ou *Sageffe des Chirur-*
giens. Pétales plus courts que le calice ; feuilles
plufieurs fois ailées ; fleurs jaunes. Fleurit en
Mai & Juin.

—10 IRIO. Feuilles nues & profondément
découpées en lobes aigus ; tige liffe ; filiques
droites ; fleurs jaunes. Fleurit *idem.*

—11 ARENOSUM. Tige rameufe , légérement
garnie de feuilles en forme de lyre , bordées de
dents , dont la pointe eft en angle droit , & hériffée de poils rameux ; fleurs rouges. Se trouve
à Argenteuil , au-deffus des carrieres à plâtre.
Fleurit en Juin.

———

271 ERYSIMUM. Silique en forme de co-
lonne , ayant quatre angles bien marqués ; calice ferré contre la corolle.

—1 OFFICINALE. *Vélar, Tortelle* ou *Herbe*
du Chantre. Siliques ferrées contre l'épi que forment les jeunes fleurs ; feuilles profondément
découpées ; fleurs jaunes. Fleurit en Juin, Juillet
& Août.

—2 BARBAREA. *L'herbe de Ste. Barbe.* Feuilles en lyre, dont le lobe terminal eſt un peu arrondi; fleurs jaunes. Fleurit en Mai & Juin.

—3 ALLIARIA. *Alliaire.* Feuilles en cœur; fleurs blanches; (la plante froiſſée entre les doigts a l'odeur de l'ail). Fleurit en Mai.

—4 CHEIRANTHOIDES. Feuilles lanceolées & très-entieres; filiques épaiſſes & écartées de l'axe de la grappe; fleurs jaunes. Cette plante eſt commune dans les iſles de Charenton, Saint-Maur & Saint-Denis, & dans les endroits cultivés du parc de Saint-Fargeau. Fleurit en Juin & Juillet.

—5 HIERACIFOLIUM. Feuilles lanceolées & dentées en ſcie; fleurs jaunes. Se trouve dans les endroits cultivés à Lonjumeau. Fleurit en Juin & Juillet.

---

272 CHEIRANTHUS. Ovaire garni de chaque côté d'une petite dent glanduleuſe; calice ſerré contre la corolle, ayant deux de ſes folioles relevées en boſſe à leur baſe. Semences planes.

—1 ERYSIMOIDES. Feuilles lanceolées, nues & dentées; tige droite très-ſimple; filiques à quatre angles; fleurs jaunes. Se trouve à Sève, ſur le bord des vignes, & à Moret. Fleurit en Juin.

—2 CHEIRI. *Violier jaune,* ou *Giroflée de muraille.* Feuilles lanceolées, aiguës & glabres; tige un peu ligneuſe; rameaux relevés longi-

tudinalement en angles faillans ; fleurs jaunes
d'une odeur agréable. Fleurit en Mars, Avril &
Mai.

---

273 HESPERIS. Pétales fléchis obliquement;
une petite glande entre les étamines les plus
courtes; filiques ayant un air de roideur; fligmate fourchu à fa bafe , & connivent à fon
fommet; calice ferré contre la corolle.

— 1 MATRONALIS. *La Julienne.* Tige fimple
& droite; feuilles ovales-lanceolées, & finement dentelées ; petales ayant une petite pointe
dans leurs échancrures; fleurs violetes. Se trouve dans les parcs de Meudon, de Saint Maur &
du Château *Frayé.* Fleurit en Mai & Juin.

---

274 ARABIS. Quatre glandes pleines de
miel, fituées à la bafe inférieure des folioles
du calice , & recourbées comme de petites
écailles.

— 1 THALIANA. Feuilles pétiolées , lancéolées & très - entieres ; fleurs d'un blanc fale.
Elle eft commune plaine du Point-du-Jour à
Sève, & ailleurs. Fleurit en Mai.

— 2 TURRITA. Feuilles amplexicaules ; filiques courbes , linéaires & aplaties latéralement;
calice un peu ridé; fleurs d'un blanc fale. Se
trouve à Moret. Fleurit en Juin.

275 TURRITIS. Silique très-longue & anguleufe ; calice droit & ferré contre la corolle ,
qui eft pareillement droite.

—1 GLABRA. *Tourelle glabre.* Feuilles radicales dentées & hériffées de poils ; feuilles de la
tige très-entieres , amplexicaules & glabres ;
fleurs blanches. Fleurit en Mai & Juin.

—2 HIRSUTA. *Tourelle velue.* Toutes les
feuilles hériffées de poils ; celles de la tige amplexicaules; fleurs blanches. Fleurit *idem.*

276 BRASSICA. Calice droit , ferré contre
la corolle ; femences globuleufes ; une petite
glande entre les deux étamines les plus courtes
& le piftil , & une autre entre les plus longues
& le calice.

Style un peu obtus.

—1 NAPUS. *Navet.* Racine en forme de long
cône renverfé , & d'une faveur douce; fleurs
jaunes. Fleurit en Avril & Mai.

—2 RAPA. *Rave.* Racine un peu orbiculaire ,
& d'une faveur piquante ; fleurs purpurines.
Fleurit *idem.*

Var. Racine alongée.

Siliques terminées par un style aminci.

—3 ERUCASTRUM. *Roquette.* Feuilles profondément découpées ; tige hérissée de poils ; siliques lisses ; fleurs jaunes. Commune dans la plaine du Point-du-Jour, à Sève, & à Nanterre. Fleurit en Juillet & Août.

277 SINAPIS. Calice lâche ; onglets de la corolle droits ; une petite glande entre les étamines les plus courtes & le pistil, & une autre entre les plus longues & le calice.

—1 ARVENSIS. *Moutarde* ou *Sénevé.* Siliques à plusieurs angles, relevées en bosse de part & d'autre, & plus longues que leur corne terminale, qui est amincie en forme de double tranchant ; fleurs jaunes. Fleurit tout l'été.

—2 ALBA. *Sénevé blanc.* Siliques hérissées de poils, & dont la corne terminale est oblique, très-longue, & en forme de lame d'épée ; fleurs jaunes. Fleurit *idem.*

—3 NIGRA. *Sénevé noir.* Siliques glabres, serrées contre la grappe formée par les jeunes fleurs ; fleurs jaunes. Fleurit en Juin.

—4 INCANA. *Sénevé incane.* Siliques lisses, serrées contre la grappe formée par les fleurs du haut ; feuilles inférieures en lyre, & rudes au

toucher ; feuilles fupérieures lancéolées ; tige
rude au toucher ; fleurs jaunes. Se trouve
communément dans les ifles de Charenton &
de Sève. Fleurit en Juillet & Août.

—5 HISPANICA. Feuilles doublement aîlées,
dont les découpures font linéaires ; fleurs jaunes. Se trouve dans le Bois de Vincennes, fur
le côteau qui borde la Marne. Fleurit en Juin,
Juillet & Août.

278 RAPHANUS. Calice ferré contre la corolle ; filiques renflées, arondies, un peu articulées ; deux glandes pleine de miel entre lés
deux étamines les plus courtes & le piftil,
& deux autres entre les plus longues & le calice.

—1 SATIVUS. *Raifort des Parifiens.* Siliques
arondies, & à deux loges ; fleurs purpurines.
Fleurit en Juin.

—2 RAPHANISTRUM. *Ravenelle.* Siliques arondies, articulées, liffes, à une feule loge ; fleurs
d'un blanc fale. Fleurit tout l'été.

279 ISATIS. Silique lancéolée, à une feule
loge, renfermant une feule femence, & à deux
valves, en forme de nacelle. Cette filique tombe
promptement.

—1 TINCTORIA. *Guede* ou *Paftel.* Feuilles

radicales crénelées ; feuilles de la tige en fer de
fleche ; filiques oblongues; fleurs jaunes. Fleurit
en Mai & Juin.

SEIZIEME CLASSE.

MONADELPHIE.

Etamines réunies par leurs filamens en un
feul corps.

DÉCANDRIE.

Dix étamines.

280 GERANIUM. Un feul ftyle ; cinq ftigmates ; fruits terminés en forme de bec ; capfule à cinq coques.

—1 CICUTARIUM. Péduncules chargés de
plufieurs fleurs à cinq étamines fertiles ; feuilles ailées, incifées & obtufes ; tige rameufe ;
pétales fans échancrures ; bec du fruit très-allongé ; fleurs purpurines. Fleurit tout l'été.
Var. A. —— Fleurs blanches.
Var. B. —— Senfiblement velue.

—2 PRATENSE. Péduncules chargés de deux
fleurs ; feuilles un peu en rondache, très-découpées, ridées & aiguës ; pétales entiers ; fleurs

bleues & quelquefois blanches. Se trouve dans les prés à Lahy. Fleurit en Juin.

—3 ROBERTIANUM. *Herbe à Robert.* Péduncules chargés de deux fleurs ; calice velu, & à dix angles, odeur défagréable ; fruits dans la direction des péduncules ; fleurs purpurines. Fleurit *idem.*

—4 LUCIDUM. Péduncules chargés de deux fleurs ; calices pyramidaux , & chargés de rides ; feuilles à cinq lobes , & arondies ; fleurs purpurines. Se trouve dans les endroits cultivés à Epernon. Fleurit *idem.*

—5 MOLLE. Péduncules chargés de deux fleurs ; feuilles du haut de la tige alternes ; pétales fendus en deux ; calices fans barbes ; tige un peu droite ; toutes les feuilles molles & douces au toucher ; fleurs rouges. Fleurit tout l'été.

—6 COLUMBINUM. *Pied de Pigeon.* Péduncules chargés de deux fleurs , & plus longs que les feuilles ; calices remarquables par leur grandeur ; feuilles à cinq lobes principaux , & foudivifées ; enveloppe du fruit glabre ; calices ayant des barbes terminales ; fleurs rouges. Fleurit *idem.*

—7 DISSICTUM. *Bec de Cigogne.* Péduncules chargés de deux fleurs ; feuilles à cinq lobes principaux , foudivifées en trois lanieres ; pétales échancrés , & de la longueur du calice ; enveloppe du fruit velue ; fleurs rouges. Fleurit *idem.*

—8 ROTUNDIFOLIUM.

—8 Rotundifolium. Péduncules chargés de deux fleurs; pétales très-légérement échancrés, & de la longueur du calice; tige couchée; feuilles incilées & en forme de rein; fleurs rouges. Fleurit *idem.*

—9 Pusillum. Péduncules chargés de deux fleurs; pétales échancrés; tige comprimée; feuilles en forme de rein, palmées & à divifions linéaires & aiguës : (des dix étamines, cinq prifes alternativement font fans anthères); pétales d'un rouge pourpre; anthères bleues. Fleurit en Mai & Juin.

—10 Sanguineum. *Bec de grue fanguin.* Péduncules chargés d'une feule fleur; feuilles orbiculaires à cinq lobes principaux , fous-divifés en trois ; fleurs purpurines. Se trouve au bois de Boulogne, au Mont Valérien, dans la forêt de Senart, à Fontainebleau & ailleurs. Fleurit tout l'été.

POLYANDRIE.

Etamines nombreufes.

281. ALTHÆA. Calice double, l'extérieur a neuf divifions, plufieurs capfules renfermant chacune une feule femence.

—1 Officinalis. *Guimauve.* Feuilles fim-

ples & cotoneufes ; fleurs d'un blanc rofe. Fleu‑
rit tout l'été.

—2 HIRSUTA. Feuilles divifées en trois &
hériffées de poils , mais glabres en-deffus ; pé‑
duncules folitaires & chargés d'une feule fleur
d'un blanc rofe. Se trouve au parc de Vin‑
cennes , fur le côteau qui borde la Marne en
dehors du parc , & au-deffus du bois de Neuil‑
ly-fur-Marne. Fleurit en Juin & Juillet.

* * *

282 MALVA. Calice double , (l'extérieur
a trois feuilles); plufieurs capfules renfermant
chacune une feule femence.

—1 ROTUNDIFOLIA. *Petite Mauve.* Tige cou‑
chée ; feuilles échancrées à leur bafe, orbicu‑
laires , & à cinq lobes très-peu apparens ; pé‑
duncules penchés pendant la maturation des
graines ; fleurs d'un blanc rofe. Fleurit tout
l'été.

—2 SYLVESTRIS. *La Mauve.* Tige droite ;
feuilles à fept lobes aigus ; péduncules & pé‑
tioles chargés de poils ; fleurs d'un bleu tirant
fur le violet. Fleurit *idem.*

—3 MOSCHATA. *Mauve mufquée.* Tige droi‑
te ; feuilles de la racine en forme de rein, &
incifées ; feuilles de la tige à cinq lobes prin‑
cipaux & très-découpées ; fleurs rofes. (Elle
diffère de la fuivante par fes fleurs , qui ont

une odeur de musc , & par sa tige plus basse
& garnie de poils droits solitaires , & qui s'in-
serent chacun sur un point saillant). Très-
commune sur les bords des bois , proche les
étangs de Chaville ; se trouve aussi dans la forêt de Montmorency , aux environs du château de *la Chasse.* Fleurit en Juin & Juillet.

—4 ALCEA. *L'Alcée.* Tige droite ; feuilles
un peu rudes & très-divisées ; tige hérissée de
poils en fascicules étalés ; fleurs roses. Dans
tous les bois. Fleurit en Juillet & Août.

DIX-SEPTIEME CLASSE,

DIADELPHIE.

Etamines séparées en deux corps.

HEXANDRIE.

Six étamines.

283 FUMARIA. Calice à deux feuilles ; corolle labiée ; deux filamens membraneux portant chacun trois anthères.

—1 BULBOSA. *Fumeterre bulbeuse.* Tige simple ; bractées de la longueur des fleurs ; racine bulbeuse. Se trouve parc Saint - Maur &

bois de Verriere. Fleurs rouges & quelquefois blanches. Fleurit en Mars.

—2 OFFICINALIS. *Fumeterre ordinaire.* Péricarpes renfermant une feule femence, & difpofés en grappes ; tige étalée; fleurs rouges. Fleurit tout l'été.

—3 CAPREOLATA. *Fumeterre blanche.* Péricarpes renfermant une feule femence, & difpofés en grappes ; feuilles grimpantes & un peu vrillées. Cette plante n'eft, felon M. Gérard, qu'une variété de la précédente; fleurs blanches. Fleurit en Juin & Juillet.

OCTANDRIE.

Huit étamines.

284 POLYGALA. Calice à cinq feuilles, dont deux font colorées, & difpofées en forme d'ailes ; légume un peu en cœur & à deux loges.

—1 AMARA. *Polygala amere.* Fleurs en crête & difpofées en grappes ; tiges un peu droites; feuilles de la racine un peu ovales, & remarquables par leur grandeur; fleurs bleues, & plus fouvent blanches. Se trouve fur les hauteurs de Sève, derriere la Verrerie, & fur le bord des chemins & foffés des bois à Rambouil-

let, Saint - Léger , Fontainebleau & ailleurs.
Fleurit en Juin , Juillet & Août.

—2 VULGARIS. *Polygala ordinaire.* Fleurs
en crête & difpofées en grappes ; tige fimple & couchée ; feuilles lancéolées - linéaires; fleurs bleues, & quelquefois rouges ou blanches. Fleurit *idem.*

DÉCANDRIE.

Dix étamines.

*Fleurs légumineufes ou papilionnacées de
Tournefort.*

285 SPARTIUM. Stigmate difpofé longitudinalement, & velu en-deffus ; filamens des
étamines adhérens au germe ; calice prolongé
vers la tige.

—1 SCOPARIUM. *Génet à balais.* Feuilles les
unes ternées, & les autres folitaires ; rameaux
anguleux & fans épines ; fleurs jaunes. Fleurit
en Mai & Juin.

---

286 GENISTA. Calice à deux levres; étendard de la corolle oblong, refléchi, en s'écartant du piftil & des étamines.

—1 SAGITTALIS. *Génet en fer de fleche.* Rameaux articulés & membraneux, en forme de
lame à deux tranchants ; feuilles ovales-lancéo-

lées ; fleurs jaunes. Se trouve sur les hauteurs de Sève, & est très - commun au *Trou-d'En-fer*, à Montmorency, à Chantilly, à Fontainebleau & ailleurs. Fleurit en Juin & Juillet.

—2 TINCTORIA. *Génet des Teinturiers.* Feuilles lancéolées & glabres ; rameaux arondis, striés & droits ; fleurs jaunes. Fleurit *idem.*

—3 PILOSA. Feuilles lancéolées & obtuses ; tige tuberculeuse & penchée ; fleurs jaunes. Se trouve au Mont-Valérien & ailleurs. Fleurit en Mars & Avril.

—4 ANGLICA. *Génet des Anglois.* Tige chargée d'épines simples ; les rameaux qui portent les fleurs sans épines ; feuilles lancéolées ; fleurs jaunes. Se trouve dans les bruyeres aux buttes de *Sève*, à Montmorency, Avron & ailleurs. Fleurit tout l'été.

---

287 ULEX. Calice de deux feuilles ; légume à peine plus long que le calice.

—1 EUROPÆUS. *Jonc-Marin.* Feuilles velues & aiguës ; épines éparses ; fleurs jaunes. Fleurit au printemps & en automne.

---

288 ONONIS. Calice à cinq divisions linéaires ; étendard de la corolle strié ; légume enflé & sessile ; filamens des étamines connées & non fendus par leur dos.

—1 ARVENSIS. *Arrête-Bœuf ordinaire.* Fleurs en grappes & géminées ; feuilles ternées : celles du haut sont solitaires ; rameaux sans épines , & un peu velus ; fleurs rouges. Fleurit en Juin & Juillet.

Var. — *Spinosa. Arrête-Bœuf épineux.* Rameaux garnis d'épines , que la plante acquiert en vieillissant.

—2 MINUTISSIMA. Fleurs latérales & presque sessiles ; feuilles glabres & ternées ; stipules en forme de lame d'épée; calice scarieux & plus long que la corolle ; fleurs rouges. Je l'ai trouvé quelquefois au bois de Boulogne , où il est fort rare. On le trouve à Fontainebleau , au Mail d'Henri IV & au petit Mont-Sauvet , & dans la forêt de Compiegne. Fleurit *idem.*

—3 NATRIX. *Arrête-Bœuf à fleurs jaunes.* Péduncules chargés d'une seule fleur & portant un filet en forme de barbe; feuilles ternées & visqueuses ; stipules très-entieres ; tige sous-ligneuse. Se trouve sur les hauteurs de Sève , au-dessus de la Verrerie , & aux environs du château Frayé. Fleurit tout l'été.

———

289 ANTHYLLIS. Calice ventru; légume un peu arondi, & tout-à-fait couvert par le calice.

—1 VULNERARIA. *La Vulnéraire.* Tige ve-

I 4

lue, feuilles ailées à lobes inégaux ; têtes de fleurs géminées ; fleurs jaunes. Se trouve derriere la Verrerie de Sève & ailleurs. Fleurit en Juin, Juillet & Août.

---

290 **PHASEOLUS.** Carêne des fleurs roulée en fpirale, avec les étamines & le ftyle.

—1 **VULGARIS.** *Féve ordinaire* ou *Haricot.* Tige grimpante ; fleurs en bouquet, difpofées deux à deux ; braftées plus courtes que le calice ; légume pendant. Fleurit en Juin ; fleurs d'un blanc fale.

---

291 **PISUM.** Style triangulaire , velu, & relevé en carêne par - deffus ; les deux divifions fupérieures du calice plus courtes que les autres.

—1 **SATIVUM.** *Pois ordinaire.* Pétioles cylindriques ; ftipules arondies & crénelées inférieurement ; péduncules portant plufieurs fleurs blanches. Fleurit en Mai & Juin.

—2 **ARVENSE.** *Pois des champs* ou *Bifaille.* Pétioles garnis de quatre feuilles ; ftipules crénelées ; péduncule ne portant qu'une fleur. Fleurit *idem* ; fleurs violetes.

292 OROBUS. Style linéaire ; calice obtus à sa base, & dont les deux divisions supérieures sont plus courtes, & laissent entr'elles une échancrure plus profonde que les autres.

—1 VERNUS. *Orobe ordinaire.* Feuilles ovales & ailées ; stipules en moitié de fer de fleche, & très-entieres ; tige simple ; fleurs rouges. Se trouve forêt de Fontainebleau , de Montmorency & de Senlis. Fleurit en Mars.

—2 TUBEROSUS , *Orobe tubereux.* Feuilles ailées & lancéolées ; stipules en moitié de fer de fleche , & très-entieres ; tige simple ; fleurs rouges. Se trouve dans tous les bois. Fleurit en Avril & Mai.

—3 NIGER. *Orobe noir.* Tige rameuse ; feuilles ovales-oblongues , composées de six paires de folioles ; fleurs rouges. Se trouve à Fontainebleau , dans les hautes futaies du grand Mont-Sauvet. Fleurit en Mai & Juin.

293 LATHYRUS. Style applati , velu endessus , élargi dans sa partie supérieure ; les deux divisions supérieures du calice plus courtes que les autres.

Péduncules chargés d'une seule fleur.

—1 APHACA. Vrilles fimples ; ftipules échancrées à leur bafe, & en fer de fleche ; fleurs jaunes. Se trouve dans les moiffons. Fleurit en Juin & Juillet.

—2 NISSOLIA. Feuilles fimples ; ftipules en fer d'alène ; fleurs du rouge au bleu. Se trouve à Livry, dans les endroits cultivés. Fleurit *idem.*

—3 ANGULATUS. Fleurs portant un filet en forme de barbe ; vrilles fourchues, dont les divifions font très-fimples ; feuilles linéaires & chargées de nervures ; ftipules lancéolées ; pétioles à peine plus longs que la ftipule ; légume oblong & comprimé ; fleurs du rouge au bleu. Fleurit *idem.*

Péduncules chargés le plus fouvent de trois fleurs.

—4 HIRSUTUS. Vrilles fourchues ; feuilles lancéolées ; légumes velus ; femences chargées d'afpérités ; fleurs d'un rouge pourpré. Se trouve dans les moiffons du Bourg-la-Reine, de Sceaux, de Cachan , & de Saint-Germain. Fleurit en Juin & Juillet.

Péduncules chargés de plus de trois fleurs.

—5 TUBEROSUS. *Geſſe tubéreuſe.* Vrilles fourchues ; folioles ovales ; entre-nœuds des rameaux nus ; fleurs rouges. Se trouve dans les moiſſons à gauche avant d'arriver au Bourg-la-Reine, à Bondy, à la Gare & ailleurs. Fleurit *idem.*

—6 PRATENSIS. *Geſſe des prés.* Vrilles fourchues, dont les ſous-diviſions ſont très-ſimples ; folioles lancéolées ; fleurs jaunes. Fleurit *idem.*

—7 SYLVESTRIS. *Geſſe ſauvage.* Vrilles fourchues ; folioles en forme de lame d'épée ; entre-nœuds garnis de membranes ; fleurs rouges. Se trouve ſur les bords des chemins & foſſés des bois. Fleurit *idem.*

—8 PALUSTRIS. *Geſſe des marais.* Vrilles à pluſieurs ſous-diviſions ; ſtipules lancéolées ; fleurs rouges. Se trouve dans les prés humides à Cachan, au Bourg-la-Reine. Fleurit *idem.*

294 VICIA. Stigmate barbu tranſverſalement par ſon côté inférieur

Péduncules longs.

—1 DUMETORUM. Péduncules chargés de plufieurs fleurs ; folioles refléchies, ovales, rerminées en pointes faillantes ; ftipules un peu dentées ; fleurs du bleu au rouge. Se trouve fur les bords des chemins & foffés des bois. Fleurit tout l'été.

—2 CRACCA. *Veffe à bouquets.* Péduncules portant plufieurs fleurs imbriquées ; folioles chargées de duvet & lancéolées ; fleurs bleues. Dans les prés & fur le bord des bois. Fleurit en Juin & Juillet.

—3 NISSOLIANA. *Veffe de Niffole.* Péduncules chargés de plufieurs fleurs ; folioles oblongues ; ftipules entieres ; légumes velus & ovales-oblongs ; fleurs bleues. Se trouve à Berny. Fleurit *idem.*

Fleurs axillaires n'ayant que des péduncules très-courts.

—4 LATHYROIDES. Légumes feffiles, folitaires, droits & glabres ; folioles difpofées par fix, les inférieures un peu en cœur ; fleurs bleues. Cette plante eft très-commune au bois de Boulogne, & dans les remifes de la plaine du Point-du-Jour. Fleurit en Mars & Avril.

—5 LUTEA. Légumes seffiles , refléchis , chargés de poils folitaires , & à cinq femences ; étendard de la corolle glabre ; fleurs jaunes. Se trouve dans les remifes de la plaine du pont de Saint-Maur , à Champigny , côté de la Marne. Fleurit à la fin de Mai.

—6 HYBRIDA. Légumes feffiles , refléchis , chargés de poils & à cinq femences ; étendard de la corolle velu ; fleurs bleues. Se trouve à Satauri. Fleurit *idem*.

—7 PEREGRINA. Légumes prefque feffiles , pendans , glabres , & à quatre femences ; folioles linéaires & échancrées ; fleurs bleues. Cette plante eft commune foffés de la porte Saint-Mandé , du côté du chemin , & proche le bois de Romainville & ailleurs. Fleurit en Juin.

—8 SEPIUM. Légumes pédunculés , droits , & difpofés par trois ou par quatre ; folioles ovales & très-entieres , dont les extérieures vont en décroiffant ; fleur du bleu au rouge. Se trouve fur les bords des chemins & foffés des bois. Fleurit tout l'été.

—9 FABA. *Fève de Marais.* Tige droite ; pétioles dénués de vrilles ; fleurs blanches tâchées de noir. Fleurit en Mai.

Var. — *equina.* Féverole ou Fève de cheval.

—10 SATIVA. *Veffe cultivée.* Légumes feffiles & droits , quelquefois difpofés par paire ;

feuilles émouffées ; ftipules marquées en deffous d'une tâche noirâtre; fleurs bleues. Fleurit
tout l'été.

---

295 ERVUM. Calice à cinq divifions , égal
en longueur à la corolle.

—1 LENS. *Lentille ordinaire.* Péduncules portant une ou deux fleurs ; femences comprimées & convexes; fleurs d'un blanc fale. Fleurit en Juin.

—2 TETRASPERMUM. *Lentille à quatre femences.* Péduncules portant une ou deux fleurs ;
quatre femences globuleufes dans chaque légume ; fleurs d'un blanc fale. Se trouve dans les
moiffons, fur les bords des chemins & foffés des
bois. Fleurit en Juin.

—3 HIRSUTUM. *Lentille à deux femences* ou
à gouffe velue. Péduncules chargés de fleurs
nombreufes ; deux femences globuleufes dans
chaque légume ; fleurs d'un blanc fale. Fleurit
idem.

—4 SOLONIENSE. *Lentille de Sologne.* Péduncules portant une ou deux fleurs , & terminés par une barbe ; pétioles qui vont en s'amin-
ciffant ; folioles obtufes. Cette plante reffemble
au *Lathyrus Angulatus.* Fleurs d'un blanc fale.
Se trouve dans les moiffons à Lucienne. Fleurit
idem.

—5 ERVILIA. *Lentille-Ers.* Légumes articulés & comme plissés ; feuilles ailées avec une impaire ; fleurs d'un blanc sale. Fleurit *idem.*

------

296. ROBINIA. Calice à quatre divisions ; légume rélevé en bosse & allongé.

—1 PSEUDO - ACACIA. *Acacia blanc.* Grappes de fleurs blanches & pendantes ; pédicules particuliers ne portant qu'une fleur ; feuilles ailées avec une impaire ; stipules épineuses. Fleurit en Mars.

------

297. CORONILLA. Calice à deux levres, dont les deux dents supérieures sont connées ; étendard à peine plus long que les ailes ; légume interrompu par des cloisons transversales.

—1 MINIMA. Tige à peine sous-ligneuse & couchée ; folioles ovales disposées par neuf ; stipules opposées aux feuilles , & échancrées ; légumes anguleux & noueux ; fleurs jaunes. On trouve cette plante dans la forêt de Senlis , aux environs de la butte d'Aumont. Elle est très-commune à Fontainebleau , sur le côteau droit de la montagne en descendant à Bouron. Fleurit en Juin , Juillet & Août.

—2 VARIA. *Coronille.* Tige herbacée ; légumes droits , arrondis , renflés & nombreux ;

feuilles nombreuses & glabres ; tige couchée ; péduncule de la longueur des feuilles. Les fleurs agréablement panachées de rose, de blanc & de violet. Fleurit *idem*.

————

298 ORNITHOPUS. Légume articulé, arrondi & courbé en arc.

—1 PERPUSILLUS. *Pied d'Oiseau*. Feuilles ailées ; tige couchée ; trois ou quatre fleurs jaunes, dont le pavillon est rayé de rouge. Fleurit tout l'été dans presque toutes les allées & fossés des bois sabloneux.

————

299 HIPPOCREPIS. Légume courbé, comprimé, & dont une des sutures a plusieurs échancrures, en forme de fer à cheval.

—1 COMOSA. *Fer à cheval*. Légumes pédunculés, serrés entr'eux & courbés en arc. Leurs bords extérieurs forment des sinuosités. Fleurs jaunes. Se trouve dans le parc de Saint - Cloud sur le premier côteau en entrant par Sève, dans le parc de Saint-Maur, à Bondy & ailleurs. Fleurit en Juin.

————

300 HEDYSARUM. Carêne de la corolle obtuse en ligne transversale ; légumes ayant des articulations, dont chacune renferme une semence.

—1 ONOBRYCHIS. *Sainfoin.* Feuilles ailées ; légumes hériffés d'afpérités aiguës ; ailes de la corolle égales au calice ; tige allongée ; fleurs rougeâtres en épi. Fleurit en Mai.

---

301 ASTRAGALUS. Légume relevé en boffe
& à deux loges.

—1 GLYCYPHYLLOS. *Réglife bâtarde.* Tige
couchée ; légumes légerement quadrangulaires ,
courbés en arcs ; feuilles ovales & plus longues
que les péduncules ; fleurs d'un jaune pâle.
Fleurit en Juin & Juillet.

---

302 TRIFOLIUM. Fleurs un peu ramaffées
en tête ; légume à peine plus long que le calice,
non perfiftant, & s'ouvrant à peine pour laiffer
échapper les graines.

Légumes faillans & à plufieurs femences.

—1 MELILOTUS OFFICINALIS. *Le Melilot.*
Légumes ridés & aigus , raffemblés en grappes ,
& contenant chacun deux femences ; foliole
impaire pétiolée & écartée des deux autres ;
fleurs jaunes. Fleurit tout l'été.

Var. —— Fleurs blanches.

Légumes cachés & à plusieurs semences.

—2 REPENS. *Triolet.* Têtes de fleurs disposées en ombelle ; légumes à quatre semences ;
tige rampante ; fleurs blanches. Fleurit tout
l'été.

Calices velus.

—3 SUBTERRANEUM. *Trefle enterré.* Fleurs disposées en tête cinq à cinq. Il sort du centre de
la fleur une espece de chevelure, composée de
fils roides, refléchis & qui enveloppent les
fruits. Ceux-ci forment alors des têtes globuleuses qui pénetrent dans la terre. Fleurs blanches. Se trouve au-dessus du second étang de
Ville-d'Avrai, dans le gazon qui borde le chemin de Versailles & le bois. Fleurit en Mai.

—4 PRATENSE. *Trefle des prés.* Epis globuleux, un peu velus, entourés de stipules opposées
& membraneuses ; corolles monopétales ; fleurs
rougeâtres. Fleurit tout l'été.

Var. — Fleurs blanches.

—5 ALPESTRE. Epis un peu globuleux, velus & terminaux ; tige droite, feuilles lancéolées & légerement dentées en scie. (Il ressemble beaucoup au *Trifolium Pratense*, mais il en
différe, 1°. en ce qu'il a *deux* épis au haut de

la tige, au lieu que le *Trifolium Pratenfe* n'en porte qu'*un*; 2°. en ce qu'il a fes ftipules *vertes*, au lieu que celles du *Pratenfe* font *fcarieufes* & *veinées* de rouge ; 3°. en ce qu'il a fes dernieres ftipules *lancéolées*, tandis que l'autre les a un peu *ovales*). Fleurs rouges. Se trouve très-communément dans la forêt de Fontainebleau, fur le côteau qui borde la riviere du côté de Valvin. Fleurit en Juillet & Août.

—6 INCARNATUM. Epis velus, oblongs, obtus & dénués de feuilles ; folioles un peu arondies & crenelées ; fleurs rouges. Se trouve dans les prés du Pleffis-Piquet, à Biévre, & Neuilly-fur-Marne. Fleurit en Mai & Juin.

—7 ARVENSE. *Pied de Lievre.* Epis velus & ovales, dents du calice déliées comme une foie, velues & égales ; ailes de la corolle marquées intérieurement d'une tache couleur de fang. Fleurit tout l'été.

—8 SCABRUM. Têtes de fleurs feffiles, latérales & ovales ; dents du calice inégales, roides & recourbées ; fleurs rouges. Se trouve au bas de Richebourg, & fur les hauteurs d'Aunai. Fleurit en Juin.

—9 STRIATUM. Têtes de fleurs feffiles, ovales & fituées un peu latéralement ; calices arondis, marqués de fix ftries, & tout velus à l'extérieur ; fleurs blanches tâchées de rouge. Se trouve fur les hauteurs du Pleffis-Piquet, &

au Mont-Valérien, en face de l'Hospice. Fleurit *idem*.

Calices enflés & ventrus.

——10 FRAGIFERUM. *Trefle-Fraise.* Epis un peu
arondis ; calices à deux dents & refléchis ; tiges
rampantes. Les épis prennent à-peu-près l'afpect d'une fraise pendant la maturation des
graines. Fleurs blanches. Fleurit en Juillet &
Aout.

Etendards de la corolle recourbés.

——11 MONTANUM. *Trefle des Montagnes.*
Epis un peu imbriqués, réunis par deux & quelquefois par trois ; étendards en forme de fer d'a-
lène, & prompts à se flétrir ; calices nus ; tige
droite. Les fleurs forment vraiment une grappe
refferrée & interrompue par de très - petites
bractées éfilées ; fleurs rouges. Se trouve à Fontainebleau. Fleurit en Juillet.

——12 AGRARIUM. *Trefle-Houblon.* Epis ovales & imbriqués ; étendards des corolles courbés & perfiftans ; foliole impaire pétiolée &
écartée des deux autres ; calices dénués de
poils; tige droite; fleurs jaunes. Fleurit tout l'été.

——13 SPADICEUM. Epis ovales & imbriqués ;
étendards des corolles courbés & perfiftans ; calices velus ; foliole impaire pétiolée & écartée

des deux autres ; fleurs jaunes. Fleurit *idem.*

—14 PROCUMBENS. Epis ovales & imbriqués ; étendards courbés & perſiſtans ; tige couchée ; fleurs jaunes. Fleurit en Avril & Mai.

—15 FILIFORME. Epis un peu imbriqués ; étendards courbés & perſiſtans ; calices pédunculés ; tige couchée ; fleurs jaunes. Fleurit en Juillet & Août.

———

303 LOTUS. Légume cylindrique & contraſté entre les femences; ailes de la corolle conniventes dans le fens de leur longueur ; calice tubulé.

—1 SILIQUOSUS. *Lotier à une filique.* Légumes folitaires, garnis de membranes qui les font paroître quadrangulaires ; tiges couchées , chargées de duvet en-deſſous ; fleurs jaunes. Fleurit tout l'été.

—2 CORNICULATUS. *Lotier cornu.* Têtes de fleurs applaties en-deſſus ; tiges penchées ; légumes cylindriques & étalés ; fleurs jaunes. Fleurit *idem.*

———

304 TRIGONELLA. Etendard & ailes de la corolle prefque égaux entr'eux , & étendus de maniere à préfenter l'afpeſt d'une corolle à trois pétales.

—1 MONSPELIACA. *Trigonelle de Montpellier.* Légumes ferrés entr'eux, feſſiles, courbés en

arcs, divergens, courts & inclinés; péduncules latéraux & très - courts; fleurs jaunâtres. Se trouve dans la plaine du Point-
du - Jour à Sêve², & aux buttes de Sêve :
elle n'y eſt pas commune. Fleurit en Juin.

—2 Fœnum-Græcum. *Fenu-Grec.* Légumes
feſſiles, étroits, un peu en fer de faux, & terminés en pointe aiguë ; tige droite. La couleur de la fleur varie du blanc au jaunâtre.
Fleurit en Juillet.

———————————

305 MEDICAGO. Légume comprimé, con-
tourné en volute; carêne de la corolle diver-
gente par rapport à l'étendard.

—1 Sativa. *Luſerne ordinaire.* Péduncules
diſpoſés en grappes ; légumes contournés ; tige
droite & glabre; fleurs bleues. Fleurit tout l'été.
—2 Falcata. *Luſerne en fer de faux.* Péduncules diſpoſés en grappes; légumes en forme de
croiſſant; tige couchée. Sa fleur varie de cinq à
ſix couleurs différentes. Fleurit tout l'été.

—3 Lupulina. *Luſerne-Houblon.* Epis ovales; légumes en forme de rein, ne renfermant
qu'une femence ; tige couchée; fleurs jaunes.
Fleurit *idem.*

—4 Polymorpha. Légumes en volute; ſtipules dentées ; tige étalée, fleurs jaunes. Se
trouve dans la plaine du Point-du-Jour, près

les écuries de M. le Comte d'Artois. Fleurit
en Juin.

Var. A. — *Orbicularis.* Légumes folitaires ;
comprimés ; ftipules garnies de cils. Fleurit en
Juin & Juillet.

Var. B. — *Arabica.* Péduncules chargés
de deux ou trois fleurs ; capfule blanche, remarquable par fa grandeur ; feuilles en cœur,
marquées d'une tache brune. Fleurit *idem.*

Var. C. — *Hirfuta.* Légumes folitaires, globuleux , très-courts & hériffés ; ftipules dentées en fcie. Fleurit *idem.*

Var. D. — *Rigidula.* Tige un peu velue ;
légumes épineux ; folioles inférieures en forme de coin, & terminées par une échancrure
obtufe ; les fupérieures font un peu arrondies.
Fleurit *idem.*

Var. E. — *Minima.* Légumes garnis à l'extérieur d'aiguillons crochus ; ftipules entieres.
Fleurit *idem.*

DIX-HUITIEME CLASSE.

POLYADELPHIE.

Etamines féparées en plus de deux corps.

ICOSANDRIE.

Vingt étamines ou plus.

306 HYPERICUM. Calice à cinq divifions;
cinq pétales; filets des étamines nombreux,
& féparés à leur bafe en cinq faifceaux; femences renfermées dans une capfule.

Trois ftyles.

—1 ANDROSÆMUM. *La Toute-faine.* Fruits
femblables à des baies; tige ligneufe garnie
de nervures qui la font paroître à deux tranchans; fleurs jaunes. Se trouve à Fontainebleau. Fleurit en Juin & Juillet.

—2 QUADRANGULARE. *Millepertuis à quatre angles.* Tige herbacée & quarrée; fleurs
jaunes. Se trouve dans les ruiffeaux. Fleurit
idem.

—3 PERFORATUM. *Millepertuis ordinaire.*
Tige

Tige garnie de nervures qui la font paroître à deux tranchans ; feuilles obtufes, criblées de pores tranfparens lorfqu'on les regarde au jour ; anthères marquées d'un point noirâtre ; ftigmates d'une couleur de fang. Fleurs jaunes. Fleurit *idem*.

—4 HUMIFUSUM. *Millepertuis couché.* Fleurs axillaires & folitaires ; tiges garnies de nervures qui les font paroître à deux tranchans : elles font déliées & couchées fur la terre ; feuilles glabres ; fleurs jaunes. Fleurit *idem*.

—5 MONTANUM. *Millepertuis de montagne.* Calices glanduleux ; tige cylindrique, droite, nue dans fa partie fupérieure ; feuilles ovales & glabres ; fleurs jaunes. Fleurit *idem*.

—6 HIRSUTUM. *Millepertuis velu.* Calices glanduleux ; tige cylindrique & droite ; feuilles ovales un peu cotoneufes ; fleurs jaunes. Fleurit *idem*.

—7 ELODES. Tige cylindrique & rampante : elle eft velue, ainfi que les feuilles qui font un peu arrondies. Se trouve à Saint-Léger, dans les ruiffeaux, marais des Planets, & à Fontainebleau, dans une mare à deux portées de fufil de l'hermitage de Franchar ; fleurs jaunes. Fleurit *idem*.

—8 PULCHRUM. *Millepertuis élégant.* Calices glanduleux ; tige cylindrique ; feuilles en cœur, amplexicaules & glabres ; fleurs jaunes. Se trouve fur le bord des chemins & foffés des bois. Fleurit *idem*.

DIX-NEUVIEME CLASSE.

SYNGENESIE.

Etamines réunies par les anthères.

POLYGAMIE ÉGALE.

Toutes les fleurs partielles biffexuelles.

Fleurs la plupart demi-flofculeufes.

307 TRAGOPOGON. Réceptacle nu ; calice fimple ; aigrette plumeufe.

—1 PRATENSE. *Barbe de Bouc* ou *Salfifix des prés.* Divifions du calice auffi longues que la fleur ; feuilles entieres, & prefqu'appliquées contre la tige ; fleurs jaunes. Fleurit en Mai & Juin.

Var. Fleurs bléuâtres.

---

308 SCORZONERA. Réceptacle nu ; aigrette plumeufe ; calice couvert d'écailles imbriquées & comme deffechées en leurs bords.

—1 ANGUSTIFOLIA. *Salfifix des marais.* Feuil-

les en fer d'alêne & entieres ; péduncule aug-
mentant de groſſeur vers le haut ; tige velue
à ſa baſe ; fleurs jaunes. Fleurit en Mai &
Juin.

—2 LACINIATA. *Salſifix découpé.* Feuilles linéaires, dentées & aiguës ; tige droite ; écailles du calice ayant une pointe remarquable,
& recourbée en-dehors ; fleurs jaunes. Se trouve
ſur le bord des chemins & foſſés. Fleurit *idem.*

---

309 PICRIS. Réceptacle nu ; calice garni
de foſioles à ſa baſe ; aigrette plumeuſe ; ſemences ſillonées tranſverſalement.

—1 ECHIOIDES. Calice extérieur compoſé
de cinq feuilles plus longues que le calice intérieur, qui eſt barbu ; fleurs jaunes. Cette
plante eſt commune au-deſſus de Montreuil,
à Bondy, à Montmorency & ailleurs. Fleurit
en Juin & Juillet.

—2 HIERACIOIDES. Calices lâches ; feuilles
entieres & lancéolées ; péduncules parſemés
d'écailles en fer d'alêne qui s'étendent juſques
ſur la baſe du calice ; fleurs jaunes. Fleurit
idem.

---

310 SONCHUS. Réceptacle nu ; calice ventru & imbriqué ; aigrette chargée de poils.

—1 PALUSTRIS. *Laitron des marais.* Pédun-

cules & calices hériffés de poils & un peu difpofés en ombelle ; feuilles profondément découpées & garnies de deux oreillettes à leur bafe ;
fleurs jaunes. Cette plante eft très-commune
dans les foffés , à la queue de l'étang d'Enguien
& ailleurs. Fleurit en Juin & Juillet.

—2 ARVENSIS. *Laitron des champs.* Péduncules & calices hériffés , un peu difpofés en
ombelle ; feuilles profondément découpées &
en cœur à leur bafe ; fleurs jaunes. Se trouve
dans les moiffons. Fleurit *idem.*

—3 OLERACEUS. *Laitron.* Péduncules cotoneux ; calices glabres ; fleurs jaunes. Fleurit
tout l'été.

Var. A. Tige glabre ; feuilles larges & laciniées.

Var. B. Tige rude ; feuilles , les unes laciniées , les autres entieres.

Var. C. Tige rude ; toutes les feuilles laciniées , larges ou étroites.

---

311 LACTUCA. Réceptacle nu ; calice imbriqué, cylindrique, membraneux en fon bord ;
aigrette fimple & pédiculée , femences liffes.

—1 VIROSA. *Laitue vireufe.* Feuilles horifontales chargées d'aiguillons fur leur arête poftérieure ; fleurs jaunes. Fleurit en Juin & Juillet.

—2 SALIGNA. *Laitue à feuilles de faule.* Feuilles en fer de pique à leur bafe, linéaires vers le haut, & chargées d'aiguillons fur leur arête poftérieure ; fleurs jaunes. Fleurit *idem.*

—3 PERENNIS. *Laitue vivace.* Feuilles à découpures linéaires qui les font paroître ailées, & dont la partie fupérieure eft dentée ; fleurs bleues. Cette plante fe trouve dans les moiffons de Charenton à Saint - Maur, après la manufacture de Phofphore. On la trouve auffi dans celles de Chaillot, de Ruel, de Compiegne & Villeneuve - Saint - George. Fleurit *idem.*

———

312 CHONDRILLA. Réceptacle nu ; calice garni de folioles à fa bafe ; aigrette fimple & pédiculée ; demi-fleurons difpofés fur plufieurs rangs ; femences dentées en chauffetrape.

—1 JUNCEA. *Condrille.* Feuilles de la racine profondément découpées ; feuilles de la tige linéaires & entieres ; tige parfemée inférieurement de très - petites pointes ; fleurs jaunes. Fleurit en Juin, Juillet & Août.

———

313 PRENANTHES. Réceptacle nu ; calice garni de folioles à fa bafe ; aigrette fimple & prefque feffile ; demi - fleurons difpofés fur un feul rang.

K iij

——1 MURALIS. *Prénanthe de murailles*. Cinq demi-fleurons ; feuilles profondément découpées ; fleurs jaunes. Se trouve dans les bois. Fleurit en Juin & Juillet.

————

314 LEONTODON. Réceptacle nu ; calice imbriqué , ayant ses écailles un peulâches ; aigrette plumeuse.

——1 TARAXACUM. *Dent de Lion* ou *Pissenlit*. Ecailles inférieures du calice réflechies ; feuilles profondément découpées , de ntelées & lisses ; fleurs jaunes. Fleurit tout l'été.

Il y a deux variétés ; l'une à feuilles étroites , & l'autre à feuilles larges & arrondies·

——2 HASTILE. *Dent de Lion à fer de fleche.* Calice & hampe lisses ; feuilles lancéolées; dentées , très-entieres & glabres ; fleurs jaunes. Se trouve sur les bords des chemins & fossés des bois. Fleurit en Juin & Juillet.

——3 AUTUMNALE. *Dent de Lion d'automne.* Tige rameuse ; péduncules écailleux ; feuilles lancéolées , dentées , très-entieres & glabres ; fleurs jaunes. Fleurit en Juillet, Aout, & Septembre.

——4 HISPIDUM. *Dent de Lion velue.* Calice tout-à-fait droit ; feuilles dentées , très-entieres , & hérissées de poils fourchus ; fleurs jaunes· Fleurit en Mai & Juin.

Var. A. Feuilles entieres, légérement dentelées, lancéolées, & rudes; hampe chargée d'une feule fleur.

Var. B. Feuilles crénélées, vifqueufes, hériffées de poils, un peu rudes au toucher; tige nue, chargée d'une feule fleur; calice velu.

—5 HIRTUM. *Dent de Lion rude au toucher.* Calice tout-à-fait droit; feuilles dentées & hériffées de poils très-fimples. Elle font un peu roides, & comme arides au toucher; leurs découpures font obliques; les divifions inférieures du calice s'ouvrent de part & d'autre à leur bafe en formant un pli; fleurs jaunes. Fleurit *idem.*

----

315 HIERACIUM. Réceptacle nu; calice imbriqué, quelquefois garni à fa bafe de petites feuilles, comme dans les *Crépis*, & d'une figure ovale; aigrette fimple & feffile.

Hampe nue chargée d'une feule fleur.

—1 PILOSELLA. *Pilofelle ou Oreille de rat.* Feuilles très-entieres, ovales, garnies de poils endeffous; collet de la racine produifant des rejets; corolle rouge extérieurement; fleurs jaunes. Fleurit tout l'été.

Hampe nue , chargée de plusieurs fleurs.

—2 DUBIUM. *Grande Oreille de rat.* Feuilles entieres & ovales-oblongues; tige pouffant de rejets rampans & hériffée , ainfi que les feuilles, particuliérement en-deffous; fleurs jaunes. Se trouve fur le bord du bois à Aunai. Fleurit *idem.*

Tige garnie de feuilles.

—3 MURORUM. *Pulmonaire des François.* Tige rameufe; feuilles de la racine ovales & dentées ; feuilles de la tige beaucoup plus petites ; fleurs jaunes. Fleurit en Juillet & Août.

Var. A. Feuilles très-velues.

Var. B. Feuilles velues & laciniées.

—4 SABAUDUM. *Eperviere des Savoyards.* Tige droite portant plufieurs fleurs ; feuilles ovales-lancéolées , dentées & à demi-amplexicaules ; fleurs jaunes. Se trouve dans les bois. Fleurit en Juillet & Août.

—5 UMBELLATUM. *Eperviere.* Feuilles linéaires , un peu dentées & éparfes ; fleurs un peu en ombelle ; calices rudes & noirâtres ; fleurs jaunes. Fleurit *idem.*

316 CREPIS. Réceptacle nu ; calice ayant à fa bafe des écailles caduques ; aigrette plumeufe & pédiculée.

—1 FŒTIDA. Feuilles profondément découpées, de maniere à paroître ailées, & dont la furface eft hériffée de poils ; pétioles dentés ; fleurs jaunes. Fleurit en Juin & Juillet.

—2 TECTORUM. Feuilles feffiles, liffes, profondément découpées vers la bafe, & lancéolées vers le haut, les inférieures font dentées en leur bord; fleurs jaunes. Fleurit *idem.*

—3 BIENNIS. *Chicorée d'hiver.* Feuilles à découpures profondes qui les font paroître ailées, ayant leur furface rude au toucher, & leur bafe dentée ; calices garnis d'écailles en chauffe - trape ; fleurs jaunes. Fleurit en Mai & Juin.

—4 VIRENS. Feuilles profondément découpées, glabres & amplexicaules ; calices un peu cotoneux ; fleurs jaunes. Fleurit en Juin & Juillet.

—5 DIOSCORIDIS. *Chicorée de Diofcoride.* Feuilles radicales profondément découpées ; feuilles de la tige en fer de pique ; calices un peu cotoneux ; fleurs jaunes. Fleurit tout l'été.

—6 PULCHRA. Feuilles en fer de fleche &

légerement dentées ; tige paniculée ; calices glabres , & en forme de pyramide ; fleurs jaunes. Cette plante se trouve dans le parc de Saint-Cloud , sur le bord du chemin de Mes- dames , qui va de Belle-vue à Saint-Cloud , & ailleurs. Fleurit en Juin.

Var. — *Lapsana Chondrilloides.* Cette plante paroît être plutôt un *Lapsana* qu'un *Crepis.* La Flore Franç. Tom. 2 , page 105 , en fait une *Condrille* , sous le nom de *Condrille élégante.*

———————————

317 HYOSERIS. Réceptacle nu ; calice dont les divisions sont presque de niveau ; aigrette barbue , ayant une espece de calice formé par des poils.

—1 FŒTIDA. *Dormeuse puante.* Hampe char- gée d'une seule fleur; feuilles pinnatifides ; se- mences nues ; fleurs jaunes. Se trouve dans le parc de Vincennes. Fleurit en Juin.

— 2 MINIMA. *Petite Dormeuse.* Tige nue & rameuse ; péduncules renflés vers le haut ; fleurs jaunes. Se trouve dans les mois- sons un peu au-dessus des Bergeries , en al- lant à la forêt de Senart , & aussi en sortant de Saint-Léger , pour aller aux Planets , & à Fon- tainebleau , dans les moissons du *Chêne pendu.* Fleurit en Juin.

318 HYPOCHÆRIS. Réceptacle chargé de paillettes ; calice un peu imbriqué ; aigrette plumeuſe.

—1 MACULATA Tige preſque nue, fleurs folitaires ſur leurs péduncules ; feuilles ovales-oblongues, entieres & dentées ; ſemences ridées ; fleurs jaunes. Se trouve à Fontainebleau, ſur les bords des allées des nouvelles coupes, au Mont-Teſſas, & à Saint-Léger. Fleurit en Juin.

—2 GLABRA. Plante glabre ; calices oblongs & imbriqués, ayant leurs écailles liſſes ; tige rameuſe & nue ; feuilles ſinuées & dentées ; corolles peu ſenſibles ; ſemences du diſque ayant une aigrette pédiculée ; ſemences du contour à aigrettes ſeſſiles ; fleurs jaunes. Cette plante eſt commune au bois de Boulogne, en entrant par la Muette, & ailleurs. Fleurit en Juin & Juillet.

—3 RADICATA. Feuilles profondément découpées en leur bords, rudes au toucher, & obtuſes à leurs extrêmités ; tige rameuſe, nue & liſſe ; péduncules écailleux ; corolles amples ; écailles du calice ayant une ſaillie garnie de cils ; fleurs jaunes. Fleurit tout l'été.

319 LAPSANA. Réceptacle nu, calice garni

d'écailles toutes creufées en canal intérieurement.

—1 COMMUNIS. *Lampfane*. Calices anguleux pendant la maturation du fruit ; péduncules déliés & très-rameux ; fleurs jaunes. Fleurit tout l'été.

---

320 CICHORIUM. Réceptacle légerement
chargé de paillettes ; calice garni de folioles à fa
bafe ; aigrette garnie de quatre ou cinq dents,
& chargée de poils peu fenfibles.

—1 INTYBUS. *Chicorée fauvage*. Fleurs ge-
minées & feffiles ; feuilles profondément découpées ; fleurs bleues. Fleurit tout l'été.

—2 ENDIVIA. *Endive*. Fleurs folitaires, pédunculées ; feuilles fimplement crénelées ; fleurs
bleues. Fleurit *idem*.

---

321 ARCTIUM. Calice globuleux & dont
les écailles portent à leur fommet des aiguillons crochus.

—1 LAPPA. *Bardane* ou *Gloutron*. Feuilles
en cœur, pétiolées, non - épineufes, & très-
grandes ; fleurs rouges. Fleurit en Juin.

Var. Feuilles très-cotoneufes.

---

322 SERRATULA. Calice un peu cylindrique, imbriqué & fans aiguillons.

—1 TINCTORIA. *Serrete des teinturiers.* Feuilles en lyre & ailées, ayant leur lobe terminal très - grand ; demi - fleurons égaux en longueur ; feuilles garnies de cils ; fleurs rouges. Se trouve dans les bois. Fleurit tout l'été.

—2 ARVENSIS. *Serrete à tige bulbeuse* ou *Chardon hémorroïdal.* Feuilles dentées & épineuses ; fleurs rouges. Fleurit en Juin & Juillet.

—————

323. CARDUUS. Calice ovale, chargé d'écailles épineuses & imbriquées ; réceptacle hérissé de poils.

—————

Feuilles courantes sur la tige.

—1 LANCEOLATUS. *Chardon lancéolé.* Feuilles ailées, hérissées de poils, & dont les divisions sont très-divergentes ; calices velus & épineux ; tige velue ; fleurs rouges. Fleurit en Juin & Juillet.

—2 NUTANS. *Chardon à tête penchée.* Feuilles à demi courantes & épineuses ; écailles du calice ouvertes par le haut ; fleurs penchées & rouges. Fleurit *idem.*

Var. — Fleurs blanches.

—3 ACANTHOIDES. *Chardon acanthin.* Feuilles sinuées, épineuses en leur bord ; calices pédunculés, solitaires, droits & velus ; fleurs d'un rouge pâle. Fleurit en Mai.

—4 CRISPUS. *Chardon frisé.* Feuilles sinuées & épineufes en leur bord ; fleurs rouges, réunies en tête terminale ; écailles du calice fans aiguillons, un peu terminées en barbes & ouvertes. Fleurit en Juin & Juillet.

—5 PALUSTRIS. *Chardon des marais.* Feuilles dentées, épineufes en leur bord ; fleurs droites, en grappes ; péduncules dénués d'épines ; fleurs rouges. Se trouve dans les prés humides. Fleurit *idem.*

—6 DISSECTUS. *Chardon diffequé.* Feuilles lancéolées, & garnies de petites dents non-épineufes; calices épineux; fleurs rouges. Fleurit *idem.*

———

Feuilles feffiles.

—7 MARIANUS. *Chardon Marie.* Feuilles amplexicaules, finuées & épineufes ; calice dépourvu de feuilles à fa bafe, & garni d'épines doubles & creufées en goutiere ; fleurs rouges. Se trouve fur les bords des chemins & foffés à Montmorency, & à Soiffy, fous Montmorency. Fleurit en Mai & Juin.

—8 ERIOPHORUS. *Chardon aux ânes ou porte-foie.* Feuilles feffiles, ailées fur deux rangs, ayant leurs divifions alternativement droites & réflechies ; calices globuleux & velus; fleurs rouges. Se trouve au-deffus du bois de Neuilly-fur-Marne, au château d'Aunai, à Grofbois, & autour des étangs de Chaville. Fleurit *idem.*

—9 Acaulis *Chardon fans tige.* Tige nulle; calice glabre; fleurs rouges. Fleurit *idem.* On trouve quelquefois ce chardon avec une tige de plufieurs pouces de hauteur. La Flor. Fr. le range parmi les *Cirfium* à raifon de fon calice peu épineux.

---

324 CNICUS. Calice ovale, garni d'écailles imbriquées, qui ont comme des ramifications épineufes, & entouré de bractées; corolles partielles égales entr'elles.

—1 Oleraceus. *Cniquet potager.* Feuilles ailées, relevées en carêne & nues; bractées concaves, entieres & un peu colorées; fleurs d'un blanc fale. Se trouve dans les endroits humides. Fleurit en Juillet & Août.

Var. Feuilles très-larges.

---

325 ONOPORDUM. Réceptacle cellulaire; calice garni d'écailles terminées par des aiguillons crochus.

—1 Acanthium. *Pédane.* Calices raboteux ayant leurs écailles ouvertes; feuilles ovales-oblongues & finuées; fleurs rouges. Fleurit en Juin.

326 CARLINA. Calice garni en fon bord d'écailles alongées, difpofées en rayons & colorées.

—1 VULGARIS. *Carline*. Tige portant plufieurs fleurs terminales difpofées en corymbe ; calice entouré de rayons blancs ; fleurs d'un blanc fale. Fleurit en Juin & Juillet.

327 CARTHAMUS. Calice ovale, garni d'écailles imbriquées, un peu ovales, & terminées fupérieurement en maniere de feuilles.

—1 LANATUS. *Chardon béni des Parifiens.* Tige garnie de poils, & d'une efpece de laine fur la partie fupérieure ; feuilles inférieures ailées ; feuilles fupérieures amplexicaules & dentées ; fleurs jaunes. Fleurit en Juillet & Août.

—2 MITISSIMUS. Feuilles dénuées d'aiguillons. Celles de la racine font dentées, & celles de la tige font ailées. Fleurs bleues. Se trouve fur les bords des chemins & foffés à La-Ferté-Aleps. Fleurit *idem.*

328 BIDENS. Réceptacle chargé de paillettes ; aigrette garnie de barbes droites, & âpres au toucher; calice imbriqué. On voit quelquefois un ou deux demi-fleurons à la circonférence de la feuille.

—1 TRIPARTITA. *Chanvre aquatique.* Feuil-

les divifées en trois ; calice légérement feuil-
lé ; femences droites ; fleurs jaunâtres. Fleurit en Juillet & Août.

—2 CERNUA. *Chanvre aquatique réflechi.* Feuilles lancéolées, amplexicaules ; fleurs penchées ;
femences droites ; fleurs jaunâtres. Se trouve
dans les marais de Neuilly - fur - Marne, &
dans une marc avant les Bergeries, à Saint-
Léger & Rambouillet. Fleurit en Août.

---

329 EUPATORIUM. Réceptacle nu ; aigrette plumeufe ; calice imbriqué & oblong ;
ftyle allongé & fendu jufqu'au milieu.

—1 CANNABINUM. *Eupatoire d'Avicene.*
Feuilles dont les découpures imitent des doigts.
Fleurit en Juillet & Août.

POLYGAMIE SURABONDANTE.

Fleurs biffexuelles au centre, & fleurs fé-
melles fur le contour ; des ftigmates aux
unes & aux autres.

330 TANACETUM. Réceptacle nu ; aigrette
garnie d'un petit rebord ; calice imbriqué & hémi-
fphérique ; corolles du contour divifées en trois.

—1 VULGARE. *Tanaifie.* Feuilles deux fois
ailées, incifées & dentées en fcie ; fleurs jaunes. Toute la plante a une odeur aromatique très-
forte. Fleurit en Juin & Juillet.

331 ARTEMISIA. Réceptacle légerement velu ; aigrette nulle ; calice compofé d'écailles arrondies , imbriquées & conniventes ; corolles du contour , nulles.

—1 CAMPESTRIS. Petites feuilles à plufieurs divifions linéaires ; tige couchée & allongée en forme de baguette ; fleurs rouffâtres. Fleurit en Juillet & Août.

—2 ABSINTHIUM. *Abfinthe.* Feuilles compofées à divifions nombreufes ; fleurs un peu en forme de globe & pendantes ; réceptacle velu ; fleur d'un jaune de foufre. Fleurit en Juin.

—3 VULGARIS. *Armoife.* Feuilles ailées , planes , incifées & cotoneufes en-deffous ; grappes de fleurs fimples & récourbées ; les fleurons du contour font au nombre de cinq ; fleurs rouffâtres. Fleurit en Juillet.

332 GNAPHALIUM. Réceptacle nu ; aigrette plumeufe ; calices compofés d'écailles rondes , defféchées , colorées & imbriquées.

—1 LUTEO - ALBUM. *Immortelle des Marais.* Feuilles à demi amplexicaules , & en forme de lame d'épée , finuées en leurs bords , obtufes & chargées de duvet fur leur deux faces ; fleurs ramaffées en peloton & jaunâtres. Se trouve à l'étang d'Enguien , à Meudon , Saint-Cyr, Saint-Hubert & ailleurs. Fleurit en Juillet.

—2 DIOICUM. *Pied de chat.* Tige très-simple, pouffant des rejets couchés ; fleurs rouges en corymbe fimple, n'ayant que des étamines fur certains individus, & des piftils fur les autres. Se trouve à Montmorency, fur la peloufe d'Avron, à Bievre, dans la plaine des Genévriers, la forêt de Senart & ailleurs. Fleurit en Avril.

—3 SYLVATICUM. *Immortelle des bois.* Tige droite & très - fimple ; fleurs éparfes & jaunâtres. Fleurit en Juillet & Août.

—4 ULIGINOSUM. *Immortelle aquatique.* Tige rameufe & étalée ; fleurs terminales, ferrées entre elles & jaunâtres. Se trouve dans les cavités & ornieres, où l'eau a féjourné pendant l'hiver. Fleurit *idem.*

———

333 CONYSA. Réceptacle nu ; aigrette fimple ; calice imbriqué & un peu arrondi ; corolles du contour fendues en trois.

—1 SQUARROSA. *Conyfe.* Feuilles en fer de lance, & aiguës ; tige herbacée ; fleurs en corymbe ; calice raboteux ; fleurs jaunes. Fleurit en Juillet & Août.

———

334 ERIGERON. Réceptacle nu ; aigrette chargée de poils ; corolles du contour linéaires & très-étroites.

—1 GRAVEOLENS. Feuilles un peu linéaires & très-entieres ; rameaux latéraux chargés de fleurs jaunes nombreufes. Sur les hauteurs de Verriere, Verfailles & Rambouillet. Fleurit en Août.

—2 CANADENSE. *Verge d'or du Canada* Fleurs en panicule , & hériffées de poils ainfi que la tige ; feuilles en fer de lance , & garnies de cils ; fleurs d'un blanc fale. Fleurit tout l'été.

—3 ACRE. Péduncules alternes , & ne portant qu'une feule fleur de couleur purpurine. Se trouve fur les bords des chemins & foffés , & fur les murailles. Fleurit en Juin, Juillet & Août.

---

335 TUSSILAGO. Réceptacle nu ; aigrette fimple ; écailles du calice égales entre elles, auffi allongées que les fleurs du difque, & un peu membraneufes.

—1 FARFARA. *Tuffilage* ou *Pas d'âne.* Tige ne portant qu'une fleur , & garnie d'écailles imbriquées ; feuilles un peu en cœur, anguleufes & légérement dentées. Les fleurs font jaunes , & viennent avant les feuilles. Fleurit en Mars.

—2 PETASITES. *Pétafite.* Fleurs en bouquet ovale. Le nombre des fleurons qui ne portent que des étamines, varie beaucoup. Il y a des

individus où il s'en trouve à peine quelques-
uns , & d'autres où il ne s'en trouve point
du tout. Fleurs rouges mêlées de blanc. Se
trouve à Luſarches. Fleurit *idem.*

---

336 SENECIO. Réceptacle nu ; aigrette ſimple ; calice cylindrique , garni à ſa baſe de
folioles , & vers le haut d'écailles qui paroiſ-
ſent meurtries à leur ſommet.

Corolles toutes compoſées de fleurons.

—1 VULGARIS. *Seneçon ordinaire.* Feuilles
ſinuées, un peu épaiſſes, en quelque ſorte ailées
& amplexicaules ; fleurs éparſes & jaunes. Fleurit tout l'été.

Corolles du contour radiées & roulées.

—2 VISCOSUS. Feuilles ailées & viſqueu-
ſes ; écailles du calice lâches , & auſſi longues
que lui ; fleurs jaunes. Se trouve dans les bois
à Verriere, à Palaiſeau & au parc de Saint-
Fargeau. Fleurit en Juillet.

—3 SILVATICUS. *Seneçon des bois.* Feuilles
ailées & finement dentelées ; tige droite terminée en corymbe; fleurs jaunes. Fleurit *idem.*

Fleurs radiées très - ouvertes ; feuilles ailées à sous-divisions nombreuses.

—4 ABROTANIFOLIUS. *Seneçon à feuilles d'A-brotanum.* Feuilles nues, à découpures linéaires & terminées en pointe aiguë ; péduncules chargés d'une ou deux fleurs jaunes. Se trouve à Montmorency, & à Fontainebleau à la Belle-Croix & au grand Mont-Sauvet. Fleurit au mois d'Août.

—5 JACOBÆA. *La Jacobée.* Feuilles en lyre ailées & à découpures linéaires ; péduncules disposés en corymbe ; fleurs jaunes. Fleurit tout l'été.

Fleurs radiées très-ouvertes ; feuilles presqu'en-tieres.

—6 PALUDOSUS. Feuilles en forme de lame d'épée, bordées d'une denture aiguë & un peu velues en-dessous ; tige très-droite ; fleurs jaunes. Commune dans les isles de Charenton & Saint-Maur, le long de la Seine & de la Marne, & aux isles de Sève. Fleurit en Juin & Juillet.

Var. Tige élevée, blanchâtre & cotoneuse ; feuilles allongées & dentées en scie.

337 **SOLIDAGO.** Réceptacle nu ; aigrette fimple ; environ cinq rayons à la fleur ; écailles du calice imbriquées & fermées.

— 1 **VIRGA AUREA.** *La Verge d'or.* Tige un peu en zig-zag & anguleufe ; fleurs jaunes en panicule très-garnie & droite. Fleurit au mois d'Août.

338 **CINERARIA.** Réceptacle nu ; aigrette fimple ; calice fimple, compofé de plufieurs feuilles égales entr'elles.

— 1 **INTEGRIFOLIA.** Fleurs en ombelle, feuilles dentées, en fer de lance, à l'exception des radicales qui font en forme de fpatule ; fleurs jaunes. Cette plante eft commune au bois de Villemonble, en arrivant par la peloufe d'Avron. Fleurit en Juin.

Var. Feuilles lancéolées entieres, légerement dentelées & velues ; fleurs en ombelle. Se trouve à Montmorency, dans les marais de la forêt au-deffus de l'étang de Moulignon.

339 **INULA.** Réceptacle nu ; aigrette fimple ; anthères garnies à leur bafe de deux filets foyeux.

— 1 **HELENIUM.** *Inula campana* ou *Aunée.*

Feuilles amplexicaules , ovales , ridées , cotoneufes en deſſous ; écailles du calice ovales ; fleurs
jaunes. A Montmorency, au château Frayé , dans
la forêt de Senart , à Grosbois. Fleurit en Juillet.

—2 BRITANNICA. Feuilles amplexicaules en
fer de lance , dentées en ſcie & velues en-
deſſous ; tige rameuſe , droite & velue ; fleurs
jaunes. Se trouve à la Gare , aux iſles de Charenton & ailleurs. Fleurit en Juillet & Août.

—3 DYSENTERICA. *Herbe de Saint - Roch.*
Feuilles amplexicaules , en cœur , allongées ,
un peu cotoneufes ; tige velue , terminée en
panicule ; écailles du calice déliées comme une
ſoie ; fleurs jaunes. Fleurit *idem.*

—4 PULICARIA. *Inule pulicaire.* Feuilles amplexicaules & ondulées ; tige couchée , fleurs
un peu globuleufes , dont les rayons ſont très-
courts ; fleurs jaunes. Fleurit *idem.*

—5 SALICINA. *Inule à feuilles de faule.* Feuilles en fer de lance , recourbées , bordées d'une
denture âpre au toucher ; fleurs jaunes. Celles qui ſont portées par les péduncules inférieurs dépaſſent les autres. Cette plante eſt
commune dans les prairies entre Gentilly &
Bourg-la-Reine , dans les prairies de Neuilly-
ſur-Marne , & à la queue de l'étang d'Enguien.
Fleurit en Juin & Juillet.

—6 HIRTA. Feuilles feſſiles en fer de lance ; recourbées , bordées d'une très-légere denture ,

ture, qui les rend âpres au toucher ; tige un peu cylindrique & légerement velue ; fleurs jaunes. Celles qui font portées par les péduncules inférieurs dépaffent les autres. Se trouve à Saint-Maur. Fleurit *idem.*

---

340 DORONICUM. Réceptacle nu ; aigrette fimple ; écailles du calice difpofées fur deux rangs, égales entr'elles & plus longues que le difque ; femences du contour nues & deftituées d'aigrette.

—1 PLANTAGINEUM. *Le Doronic.* Feuilles ovales, aiguës & un peu dentées ; rameaux alternes ; fleurs jaunes. Commun dans la forêt de Saint-Germain, & les bois de Neuilly-fur-Marne. Fleurit à la fin de Mai.

---

341 BELLIS. Réceptacle nu & conique ; aigrette nulle ; calice demi-globuleux ; écailles calicinales égales ; femences un peu ovales.

—1 PERENNIS. *La Paquerete.* Hampe nue ; fleurs du difque jaunes ; fleurs du contour blanches, & ordinairement rougeâtres en-deffous. Fleurit tout l'été.

---

342 CHRYSANTHEMUM. Réceptacle nu, demi-globuleux & imbriqué ; les écailles voifines de fon bord font membraneufes.

L

—1 Leucanthemum. *Grande Marguerite des prés.* Feuilles amplexicaules & oblongues, dentées en fcie dans leur partie fupérieure , & fimplement dentées à leur partie inférieure ; fleurs du difque jaunes, celles du contour blanches. Fleurit tout l'été.

Var. Senfiblement velue.

—2 Inodorum. Feuilles ailées à découpures nombreufes ; tige rameufe & étalée ; fleurs *idem.* Se trouve à Lonjumeau dans les endroits cultivés. Fleurit en Juin & Juillet.

—3 Segetum. *Marguerite dorée.* Feuilles amplexicaules , déchiquetées dans leur partie fupérieure, dentées en fcie dans leur partie inférieure ; fleurs entiérement jaunes. Fleurit en Juillet.

---

343 MATRICARIA. Réceptacle nu ; aigrette nulle ; calice demi-globuleux & imbriqué ; écailles du bord folides & un peu aiguës.

—1 Parthenium. *Matricaire.* Feuilles planes & compofées ; folioles ovales & incifées ; péduncules rameux ; fleurs du difque jaunes, celles du contour blanches. Se trouve dans les endroits cultivés. Fleurit tout l'été.

—2 Chamomilla. Réceptacle conique ; corolles du contour étendues ; écailles du calice égales en leurs bords ; fleurs *idem.* Se trouve le long de la Marne , près de Saint-Maur. Fleurit *idem.*

344 ANTHEMIS. Réceptacle chargé de paillettes ; aigrettes nulles ; calice demi-globuleux & presque de niveau en son bord ; plus de cinq rayons formés par les corolles du conto o

—1 MIXTA. Feuilles simples , dentées & découpées ; fleurs du disque jaunes, celles du contour blanches. Se trouve à Châtres. Fleurit en Juin.

—2 NOBILIS. *Camomille romaine.* Feuilles composées & ailées , ayant leurs divisions linéaires , aiguës & un peu velues ; fleurs *idem.* Fleurit en Juin , Juillet & Août.

—3 ARVENSIS. *Camomille des champs.* Réceptacles coniques ; paillettes du réceptacle un peu lancéolées ; semences bordées d'une espece de couronne ; fleurs *idem.* Fleurit en Mai & Juin.

—4 COTULA. *La Maroute* ou *Camomille puante.* Réceptacles coniques ; paillettes du réceptacle déliées comme une soie ; semences nues ; fleurs *idem.* Fleurit *idem.*

345 ACHILLEA. Réceptacle chargé de paillettes ; aigrette nulle ; calice ovale & imbriqué, environ quatre rayons formés par les corolles du contour.

—1 Ptarmica. *L'herbe à éternuer.* Feuilles en fer de lance, finement dentées en fcie, & terminées en pointe aiguë; fleurs blanches. Fleurit en Juin & Juillet.

—2 Millefolium. *Mille-feuille.* Feuilles deux fois ailées & prefque glabres, dont les divifions font linéaires & dentées; tige fillonnée dans fa partie fupérieure; fleurs blanches. Fleurit *idem.*

POLYGAMIE FRUSTRANÉE,

Fleurs biffexuelles au centre, & fleurs femelles fur le contour : des ftigmates aux premieres & point aux fecondes.

346 HELIANTHUS. Réceptacle plat & chargé de paillettes; aigrette fourchue; calice imbriqué un peu raboteux.

—1 Tuberosus. *Topinambour.* Feuilles ovales en cœur & marquées de nervures triples; fleurs jaunes. Fleurit en Septembre.

---

347 CENTAUREA. Réceptacle foyeux; aigrette fimple; corolles du contour en forme d'entonnoir, ayant leurs languetes allongées & irrégulieres.

Ecailles du calice ciliées & dentées en scie.

—1 NIGRA. Calices garnis de cils capillaires & droits, ayant leurs écailles ovales ; feuilles en lyre garnies de dents anguleuses ; fleurs rouges & toutes flosculeuses. Cette plante ressemble au *Centaurea Jacea* par son port, mais elle en diffère par ses fleurs sans couronne. Se trouve dans les bois. Feurit en Juillet & Août.

—2 PHRYGIA. Calices garnis de petites plumes recourbées ; feuilles sans divisions, oblongues & raboteuses ; fleurs rouges. On pourroit confondre cette plante au premier coup-d'œil avec la précédente, lorsqu'on herborise dans un temps pluvieux, car la pluie fait redresser les cils. Cette plante se trouve parc de Versailles, du côté de Saint-Cyr. Fleurit en Juillet.

—3 CYANUS. *Bleuet* ou *Barbot.* Calices dentés en scie ; feuilles linéaires très-entieres, (les inférieures sont dentées) ; fleurs bleues. Fleurit en Juin.

Il y a plusieurs variétés de cette plante qui ne se distinguent que par la couleur des fleurs.

—4 SCABIOSA. *Scabieuse des montagnes.* Calices garnis de cils ; feuilles ailées ayant leurs divisions en fer de lance ; fleurs rouges. Fleurit tout l'été.

Ecailles du calice arides & raboteufes.

—5 JACEA. *Jacée des prés.* Calices raboteux & comme déchiquetés; feuilles en fer de lance, (les radicales font finuées & dentées); rameaux anguleux; fleurs rouges. Fleurit *idem.*

Calice garni d'épines compofées.

—6 CALCITRAPA. *Chauffe-trape* ou *Chardon étoilé.* Calices feffiles garnis de grandes épines; feuilles ailées, linéaires & dentées; tige velue; épines du calice blanches; fleurs d'un rouge pâle. Fleurit en Juillet & Août.

—7 CALCITRAPOIDES. Calices garnis de petites épines fur deux rangées, dont une eft peu fenfible; feuilles amplexicaules en fer de lance, fans divifions & dentées en fcie; fleurs d'un rouge pâle. Se trouve fur les bords des foffés & des murailles aux environs de Cachan. Fleurit *idem.*

—8 SOLSTITIALIS. *Centaurée jaune.* Calices folitaires, garnis de deux rangées d'épines; feuilles des rameaux courantes fur leur furface, en fer de lance & non épineufes, (les radicales font en lyre & ailées); écailles du calice

blanches ; fleurs jaunes. Sur les bords des che‑
mins & foſſés proche Iſſy , plaine du Point-du-
Jour , à Sêve , à Bondy & à Ruel. Fleurit en
Août & Septembre.

POLYGAMIE NÉCESSAIRE.

Fleurs biſſexuelles au centre , & fleurs
femelles ſur le contour ; des ſtigmates
aux ſecondes & poin‑ aux premieres.

348 CALENDULA. Réceptacle nu ; aigrette
nulle ; calice à pluſieurs feuilles égales en‑
tr'elles ; ſemences du diſque membraneuſes.‑

— 1 ARVENSIS. *Souci des vignes.* Semences
creuſées en nacelle , & hériſſées de pointes re‑
courbées & en chauſſe-trape , (les extérieures
ſont droites & étendues). Fleurit tout l'été ,
fleurs jaunes.

349 FILAGO. Réceptacle nu ; aigrette nul‑
le ; calice imbriqué ; fleurons femelles , diſpoſés
entre les écailles du calice.

—1 GERMANICA. *Herbe à coton.* Panicule
fourchue ; feuilles aiguës ; fleurs d'un blanc ſale ,
arondies & velues , ſituées dans les aiſſelles des
feuilles. Fleurit en Juillet.

——2 MONTANA. *Herbe à coton de montagne.* Tige un peu fourchue & droite ; fleurs d'un blanc fale, coniques, les unes terminales, & les autres fituées dans les aiffelles des feuilles. Fleurit *idem.*

——3 GALLICA. Tige droite & fourchue ; fleurs d'un blanc fale, aiguifées en fer d'alêne, & fituées dans les aiffelles des feuilles qui font déliées comme un fil. Se trouve dans les moiffons à Chatillon & à Bagneux, & dans celles de Chailly & du Chêne pendu. Fleurit *idem.*

——4 ARVENSIS. *Herbe à coton des champs.* Tige paniculée ; fleurs d'un blanc fale, coniques & latérales. Fleurit *idem.*

350 MICROPUS. Réceptacle chargé de paillettes ; aigrette nulle ; calice imbriqué ; fleurs fans couronnes ; fleurons femelles enveloppés dans les écailles du calice.

——1 ERECTUS. Tige droite ; calices dénués de dents ; feuilles folitaires ; fleurs d'un blanc fale. Se trouve à Bondy. Fleurit en Juillet & Août.

POLYGAMIE SÉPARÉE.

Plufieurs fleurs pourvues de calice , renfermées dans un calice commun.

351 ECHINOPS. Calices particuliers renfermant une feule fleur ; corolles tubulées & pourvues à-la-fois d'étamines & de piftils ; réceptacle foyeux ; aigrette peu fenfible.

—1 SPHÆROCEPHALUS. *La Boulete.* Fleurs
en tête globuleufe ; feuilles finuées & chargées
de duvet ; fleurs d'un bleu amétifte. Se trouve
à Joyenval. Fleurit en Juillet.

MONOGAMIE.

Un feul calice renfermant ordinairement
une feule fleur.

352 JASIONE. Calice commun de dix feuilles ; corolle à cinq pétales & réguliere ; capfule inférieure à la corolle & divifée en deux
loges.

—1 MONTANA. Fleurs bleues. Fleurit en Juillet & Août.

353 LOBELIA. Calice à cinq divifions ; corolle monopérale & irréguliere ; capfule inférieure à la corolle, & divifée en deux loges.

—1 URENS. Tige un peu droite ; feuilles inférieures un peu arondies & crénelées ; feuilles
fupérieures en fer de lance & dentées en fcie ;
fleurs en grappes ; palais de la corolle marqué
de deux taches pâles ; fleurs bleues. Se trouve
dans les bois de Saint-Hubert, des deux côtés
de l'étang, dans le petit bois *des Planets*, & à
Fontainebleau. Fleurit en Juillet & Août.

354 VIOLA. Calice de cinq feuilles ; corolle à cinq pétales, irréguliere & terminée
poftérieurement en éperon ; capfule fupérieure
à la corolle, s'ouvrant à trois valves, & n'ayant
qu'une feule loge.

—1 HIRTA. Tige nulle ; feuilles en cœur &
hériffées de poils ; fleurs bleues. Se trouve au
bois de Boulogne. Fleurit en Avril.

—2 PALUSTRIS. Tige nulle ; feuilles en forme
de rein ; fleurs d'un bleu pâle. Se trouve à
Montmorency, & au marais des Planets à
Saint Léger. Fleurit *idem*.

—3 ODORATA. *Violete odorante*. Tige nulle ;
feuilles en cœur ; collet de la racine pouffant

des rejets rampans; fleurs violetes. Fleurit en Mars & Avril.

Var. Fleurs blanches.

—4 CANINA. *Violete de chien.* Tige montante, lorſque la plante eſt adulte; feuilles en cœur allongé; fleurs violetes. Fleurit *idem.*

—5 *MONTANA. Violete de montagne.* Tige droite; feuilles en cœur oblong; fleurs d'un bleu pâle. Se trouve à Chantilly & Fontainebleau. Fleurit en Mai. Elle refleurit quelquefois en automne.

—6 TRICOLOR. *Penſée.* Tige étalée & à trois côtes; fleurs oblongues & découpées; ſtipules ailées; fleurs blanches, avec un mélange de jaunâtre rayé de noir. Fleurit tout l'été.

Var. Fleurs mêlées de blanc, de violet foncé, & de jaunâtre avec des raies noires.

---

355 IMPATIENS. Calice de deux feuilles; corolle à cinq pétales, irréguliere, dont le nectaire eſt en forme de capuchon; capſule ſupérieure à la corolle, & s'ouvrant à cinq valves.

—1 NOLI TANGERE. Péduncules ſolitaires & portant pluſieurs fleurs; feuilles ovales; articulations de la tige renflées; fleurs jaunes. Se trouve à Saint-Germain, le long des murs du parc. Fleurit en Juillet & Août.

VINGTIEME CLASSE.

GYNANDRIE.

Etamines portées par le piftil.

DIANDRIE.

Deux étamines.

356 ORCHIS. Un neĉaire en forme de corne derriere la fleur.

Bulbes fans divifions.

—1 BIFOLIA. Levre du neĉaire lancéolée & très-entiere ; éperon grêle & très-long ; pétales ouyerts ; feuilles radicales au nombre de deux ; fleurs blanches d'une odeur fuave. Se trouve dans prefque tous les prés & bois. Fleurit tout l'été.

Var. — *Trifolia.* Trois feuilles radicales.

—2 PYRAMIDALIS. *Orquis pyramidal.* Levre du neĉaire à trois divifions égales & très-entieres ; éperon grêle & très-long ; pétales un peu lancéolés ; fleurs purpurines. Commun dans les gazons qui bordent la premiere piece d'eau en entrant dans le parc de Fontainebleau. Fleurit en Mai.

—3 CORIOPHORA. *Orquis Punaise.* Levre du nectaire à trois divisions dentées & réflechi vers la tige; éperon court; pétales rapprochés; fleurs d'une couleur livide, ayant une odeur de punaise. Dans prefque tous les prés humides. Fleurit en Mai.

—4 MORIO. *Orquis Morio.* Levre du nectaire à quatre divisions, dont les deux latérales font plus étendues, crénelées & réflechies en arriere; pétales obtus & connaivens; éperon obtus & montant; épi peu garni; fleurs rouges. Fleurit *idem.*

—5. MASCULA. *Orquis à feuilles tachées.* Levre du nectaire à quatre divisions un peu crénelées, dont les deux latérales font plus courtes; éperon obtus; pétales de derriere réflechis & un peu aigus; feuilles mouchetées de noir; fleurs rouges. Se trouve buttes de Sêve, Mont-Valérien, forêt de Montmorency, fur le bord des foffés & des allées. Fleurit en Avril.

Var. à feuilles non mouchetées.

—6 LAXIFLORA. (Flor. Franç.) Levre du nectaire à trois divisions, dont les deux latérales font plus longues & crénelées, & celle du milieu légérement échancrée; grandes fleurs purpurines, difpofées en un long épi un peu lâche. Dans tous les prés humides. Fleurit *idem.*

—7 USTULATA. *Orquis brûlé.* Levre du nectaire à trois diviſions principales , dont celle
du milieu eſt plus allongée , & partagée en
deux lobes : ſa ſurface eſt chargée de points
rouges & ſaillans ; éperon court ; pétales ſupérieurs preſque connivens ; petites fleurs diſpoſées en épi , dont le ſommet eſt d'un pourpre foncé , & la partie inférieure d'un blanc
rougeâtre. Se trouve dans les prés du Pleſſis-
Piquet, de Moulignon , & à l'entrée de la forêt de Fontainebleau , du côté de Chailly. Fleurit en Mai dans les deux premiers endroits ,
& en Juillet à Fontainebleau.

—8 MILITARIS. *Le Caſque de Militaire.* Levre du nectaire à cinq diviſions, dont les deux
latérales extérieures ſont étroites , les deux latérales intérieures plus avancées , & d'une largeur variable , ſuivant les individus , & celle
du milieu courte & aiguë ; pétales ſupérieurs
connivens en forme de caſque ; éperon court
& un peu obtus ; fleurs d'un rouge pâle , tachées de pourpre noirâtre ſur leur partie inférieure. Dans preſque tous les bois. Fleurit
en Avril & Mai.

Var. A. —*Major.* (Vail. Tab. 31, fig 27 &
28.) Diviſions latérales intérieures de la lèvre
du nectaire larges & légérement dentées.

Var. B. —*Hiante cucullo minor.* (Vail. Tab.
31, fig. 22 & 24.) Fleurs ſemblables à celles de

la précédente, mais plus petites dans toutes leurs parties.

Var. C. — *Flore fimiam referens.* (Vail. Tab. 31, fig. 25 & 26.) *Orquis finge.* Divifions latérales tant extérieures qu'intérieures de la levre du nectaire longues & étroites, ce qui donne à la fleur quelque reffemblance avec le corps d'un petit finge.

* * *

Bulbes palmées.

—9 LATIFOLIA. Eperon en forme de cône; levre du nectaire à trois divifions, dont les deux latérales font réflechies & dentées; pétales fupérieurs réflechis; bractées plus longues que la fleur; tige fiftuleufe; fleurs purpurines formant un épi ferré & prefque cylindrique. Dans prefque tous les prés humides. Fleurit en Mai.

Var. à feuilles tachées.

—10 MACULATA. *Orquis maculé.* Levre du nectaire prefque plane & à trois divifions, dont les deux latérales font dentées; bractées dont la longueur n'excéde pas celle de la fleur; tige pleine; feuilles mouchetées de noir; fleurs panachées de blanc & de rouge, difpofées en cône affez court. Se trouve dans les prés & les bois. Fleurit en Mai & Juin.

Var. à fleurs blanches.

—11 Conopsea. *Orquis à long éperon.* Eperon délié & très-long; levre du nectaire à trois divisions égales; pétales latéraux très-ouverts; fleurs rouges non-mouchetées. Se trouve dans presque tous les prés humides. Fleurit en Mai & Juin.

Bulbes fasciculées.

—12 Abortiva. Bulbes de la racine longues & déliées; levre du nectaire ovale & très-entiere; tige sans feuilles, garnie seulement d'écailles courtes en forme de gaînes; fleurs violetes. Se trouve à Abbecourt. Fleurit en Mai & Juin.

357 SATYRIUM. Un nectaire court en forme de renflement, situé derriere la fleur.

—1 Hircinum. *Satyrion.* Bulbes de la racine entieres; feuilles lancéolées; levre du nectaire roulée sur elle-même en spirale avant son développement, & partagée en trois lanieres, dont les deux latérales sont courtes, aiguës, entieres & ondulées, & celle du milieu très-longue, oblique & comme rongée à son extrêmité; fleurs roussâtres, tachées de pourpre à la base de la levre du nectaire, & d'une odeur de bouc très-désagréable. Se trouve au bois de Boulogne, près de la porte de Long-

champ, & dans les foſſés du chemin qui conduit de la Muette à Saint-Cloud, dans les baſ-
ſins abandonnés du petit parc de Meudon, &
dans les bois près de la Tour de Crouy. Fleurit en Juin.

—2 VIRIDE. *Satyrion des marais.* Bulbes palmées; feuilles oblongues & obtuſes; levre du
nectaire à trois diviſions, dont les deux latérales ſont plus longues, étroites & aiguës,
& celle du milieu peu ſenſible; pétales ſupérieurs réunis en forme de caſque; fleurs d'un
vert pâle, quelquefois rouſſâtre. Commun dans
les prés de Cachan, de Neuilly-ſur-Marne,
& autour de l'étang de Moulignon. Fleurit
idem.

---

358 OPHRYS. Nectaire ou pétale inférieur
un peu replié en arriere par le bas.

Bulbes rameuſes.

—1 NIDUS AVIS. *Le Nid d'Oiſeau.* Bulbes
fibreuſes & faſciculées; tige ſans feuilles, garnie d'écailles en forme de gaînes; levre du
nectaire à deux diviſions divergentes; fleurs
rouſſâtres comme toute la plante. Dans preſque tous les bois. Fleurit en Mai.

—2 SPIRALIS. *Ophris en ſpirale.* Bulbes

oblongues & ramaffées; tige légérement feuillée ; fleurs difpofées autour de la tige en fpirale allongée; levre du nectaire fans divifions,
& fimplement denticulée ; fleurs d'un blanc
fale. Se trouve fur la peloufe d'Avron, le long
du chemin de terre qui conduit de Maifon-
Blanche à Saint-Hubert, & fur les bords des
bois à Chailly. Fleurit en Août.

Var. (Vail. p. 147, n°. 8.) Fleurs plus
longues que celles de la précédente. Sa tige
part du milieu des feuilles, tandis que celle de
l'autre naît fouvent à côté.

—3 OVATA. *Double-feuille*. Bulbes fibreu-
fes ; tige garnie de deux feuilles oppofées &
ovales ; levre du nectaire à deux divifions étroites ; fleurs verdâtres, nombreufes & difpofées
en épi grêle & lâche. Fleurit en Mai & Juin.
Var. à trois feuilles.

* * *

Bulbes arondies.

—4 PALUDOSA. *Ophris des marais.* Tige peu
garnie de feuilles, & à cinq angles faillans ;
feuilles radicales hériffées d'afpérités vers leur
fommet ; levre du nectaire entiere ; fleurs d'une
couleur verdâtre, comme toute la plante. Se
trouve dans les prés à Buc. Fleurit en Mai
& Juin.

—5 INSECTIFERA. *Ophris mouche.* Tige feuillée ; levre du nectaire légérement divifée en cinq lobes. La fleur, abftraction faite du pétale fupérieur, a quelque reffemblance avec une mouche qui vole.

Var. A.—*Foliolis fuperioribus candidis & purpurafcentibus.* (Vail. tab. 30, fig. 9 & 10.) Pétales fupérieurs blancs ou rougeâtres. Cette variété a du rapport avec une abeille. Se trouve dans les parcs de Sceaux & de Saint-Cloud, & dans les prairies de Neuilly-fur-Marne.

Var. B. — *Fucum referens, colore rubiginofo.* (Vail. tab 31, fig. 15 & 16.) Levre du nectaire couleur de rouille. Cette variété fe rapproche davantage de la mouche appelée *bourdon.* Se trouve dans le parc de Saint-Maur, & à Saint-Léger, fur les bords des foffés, au-deffus des *Planets.*

Var. C.—*Ophris mufcaria.* (Flor. Fr.) Fleurs fenfiblement plus petites que celles des précédentes ; levre du nectaire marquée d'une tache bleue, & terminée par une échancrure nue, dans laquelle on ne voit aucune faillie particuliere. (Vail. tab. 31, fig. 17 & 18.) Se trouve dans le parc de Sceaux.

—6 ANTHROPOPHORA. Tige feuillée ; levre du nectaire à trois divifions principales & linéaires, dont celle du milieu eft partagée en deux ; pétales connivens & ramaffés ; fleurs difpofées en épi oblong. Elles ont quelque reffemblance avec le corps humain. Les pétales qui repréfentent la tête font d'un blanc jaunâtre; le corps ou la partie moyenne de la levre du nectaire eft d'une couleur de foufre; les bras & les jambes, formés par les divifions de la même partie, font d'un rouge ferrugineux. Se trouve dans les prés à Samois, & fur les gazons qui bordent le grand canal en entrant dans le parc de Fontainebleau.

* * *

359 SERAPIAS. Nectaire ovale fans divifions, concave en-deffus à l'endroit de fa bafe, & relevé en boffe par-deffous.

—1 LATIFOLIA. Feuilles ovales amplexicaules; fleurs portées par de longs pétioles, pendantes & d'un rouge poupré. Se trouve fur les bords des chemins & fôffés des bois. Fleurit en Juillet & Août.

—2 LONGIFOLIA. Feuilles feffiles & en lame d'épée; fleurs pendantes à fonds blanchâtre, marqué de lignes pourprées vers la bafe de la levre du nectaire. Se trouve dans tous les prés humides. Fleurit en Juin & Juillet.

—3 ENSIFOLIA. *Serapias grandiflora.* (Spec. plant.) *Helleborine à grandes fleurs.* Feuilles en lame d'épée; fleurs droites; levre du nectaire obtufe, & plus courte que les pétales; épi compofé de grandes fleurs blanches, dont le neĉaire eſt marqué de lignes ſaillantes, avec une teinte de jaunâtre à la partie inférieure de ſa levre. Commune dans le parc de Saint-Cloud. Fleurit en Juin.

—4 RUBRA. *Helleborine rouge.* Feuilles en lame d'épée ; fleurs droites ; levre du neĉaire aiguë & marquée de lignes ondulées ; fleurs purpurines. Se trouve ſur les hauteurs du bois de Verriere, & à Chantilly, bois Bouvillon. Fleurit en Juillet.

HEXANDRIE.

Six étamines.

360 ARISTOLOCHIA. Six ſtyles ; calice nul ; corolle monopétale, entiere, terminée en languette ; capſule à ſix loges inférieure à la corolle.

—1 CLEMATITIS. *Ariſtoloche ordinaire.* Feuilles en cœur ; tige droite ; fleurs jaunes ramaſſées en pelotons dans les aiſſelles des feuilles. Fleurit en Juin & Juillet.

POLYANDRIE.

Etamines nombreuses.

361 ARUM. Un spathe d'une seule piece, en forme de cornet ; chaton nu dans sa partie supérieure , portant des étamines dans sa partie moyenne , & des ovaires dans sa partie inférieure.

— 1 MACULATUM. *Pied de Veau.* Tige nulle, feuilles mouchetées de noir , en fer de pique & très-entieres ; chaton en forme de maffue ; fleurs d'un blanc fale & chaton pourpre. Se trouve dans tous les bois. Fleurit en Mai.

Var. à feuilles non mouchetées.

VINGT - UNIEME CLASSE.

MONŒCIE.

Des fleurs à étamines & des fleurs à pi‑
tils fur le même individu.

MONANDRIE.

Une étamine.

362 ZANICHELLIA. Fleurs mâles, n'ayant
ni corolle, ni calice. Fleurs femelles fans
corolle, avec un calice d'une feule piece,
environ quatre ovaires & autant de fe‑
mences.

— 1 PALUSTRIS. Fleurs d'un blanc fale. Dans
prefque tous les foffés & ruiffeaux. Fleurit en
Avril & Mai.

---

363 CHARA. Fleurs mâles fans corolle
ni calice; anthère fituée à la bafe de l'ovai‑
re. Fleurs femelles ayant un calice de quatre
feuilles, & point de corolle; ftigmate à cinq
divifions; une femence.

— 1 TOMENTOSA. Tiges chargées d'afpérités

obtufes ; fleurs rouffes. Dans les étangs & les mares. Fleurit en Juin & Juillet.

—2 VULGARIS. *Charagne.* Tige liffe, feuilles dentées intérieurement ; baies oblongues & à plufieurs femences ; fleurs rouffes. Fleurit en Juin & Juillet.

—3 HISPIDA. Tige chargée d'aiguillons déliés & ferrés entr'eux ; fleurs rouffes. Fleurit *idem.*

—4 FLEXILIS. Tiges fans piquants, un peu tranfparentes, & élargies par le haut ; fleurs rouffes. Se trouve dans des cavités au-deffus des mares de la plaine des Génevriers, forêt de Senart. Fleurit en Juin & Juillet. Ces plantes varient beaucoup pour la floraifon, felon les différentes variations des eaux.

———

364 LEMNA. Fleurs mâles, ayant un calice d'une feule piece fans corolle. Fleurs femelles, ayant pareillement un calice d'une feule piece, fans corolle ; un ftyle ; une capfule à une loge.

—1 TRISULCA. *Lentille d'eau à trois fillons.* Feuilles pétiolées & lancéolées réunies d'abord plufieurs fous différentes directions, & qui fe détachent enfuite. Fleurs d'un blanc fale. Se trouve dans les mares. Fleurit en Mai.

—2 MINOR. *Petite Lentille d'eau.* Feuilles feffiles un peu planes des deux côtés ; racines folitaires ;

folitaires ; fleurs d'un blanc fale. Fleurit *idem.*

—3 GIBBA. *Lentille d'eau boſſue.* Feuilles feſſiles, ventrues & demi-globuleuſes en deſſous ; racines folitaires ; fleurs d'un blanc fale. (Suivant M. Gérard, ce n'eſt qu'une variété de la précédente). Commune dans les mares à l'entrée de la forêt de Bondy , & auſſi fur les hauteurs de Montreuil & ailleurs. Fleurit *idem.*

—4 POLYRHIZA. *Lentille d'eau à racines nombreuſes.* Feuilles feſſiles ; racines dipofées par faifceaux ; fleurs d'un blanc fale. Dans les foſſés de la prairie de Gentilly, & à Fontaine-bleau , dans les mares de Franchart. Fleurit en Mai.

—5 ARHIZA. *Lentille d'eau fans racine.* Feuilles réunies par paires; point de racine apparente. Très-commune dans les mares de Franchart à Fontainebleau; fleurs d'un blanc fale. Fleurit *idem.*

TRIANDRIE.

Trois étamines.

365 TYPHA. Fleurs mâles difpofées fur un chaton cylindrique , ayant un calice peu apparent à trois feuilles , & fans corolle. Fleurs

femelles difpofées auffi fur un chaton cylindrique au-deffous des mâles , fans corolle , & garnies de poils veloutés , qui tiennent lieu de calice ; une femence portée fur une aigrette déliée comme un cheveu.

—1 LATIFOLIA. *Maffe d'eau.* Feuilles en
lame d'épée ; épis mâle & femelle rapprochés ;
fleurs jaunes. Se trouve dans prefque toutes les
mares & étangs. Fleurit en Mai.

—2 ANGUSTIFOLIA. *Petite maffe d'eau.* Feuilles demi-cylindriques ; épis mâle & femelle
écartés ; fleurs jaunes. A Meudon dans les baffins abandonnés. Fleurit en Mai.

———

366 SPARGANIUM. Fleurs mâles difpofées fur un chaton un peu arondi , fans
corolle, avec un calice de trois feuilles. Fleurs
femeles , auffi difpofées fur un chaton arondi ,
fans corolle , avec un calice de trois feuilles ;
ftigmates à deux divifions ; fruits compofés
d'une baie fans fuc , à une feule femence.

—1 ERECTUM. *Ruban d'eau.* Feuilles droites à trois côtes ; fleurs d'un blanc fale. Se
trouve dans prefque tous les étangs & mares , & fur les bords des rivieres. Fleurit en
Juin.

—2 NATANS. *Petit ruban d'eau.* Feuilles couchées & planes ; fleurs d'un blanc fale. Dans

plufieurs lacunes de la forêt de Bondy , du côté
du Raincy. Fleurit *idem.*

---

367 CAREX. Fleurs mâles difpofées fur
un chaton couvert d'écailles imbriquées fans
corolle , avec un calice d'une feule piece ; fleurs
femelles difpofées , auffi fur un chaton couvert
d'écailles imbriquées , fans corolle , & avec un
calice d'une feule piece ; un nectaire enflé & à
trois dents ; trois ftigmates ; une femence à
trois angles en dedans du nectaire.

Un feul épi fimple.

—1 PULICARIS. *Laiche pulicaire.* Epi portant des étamines feulement fur la partie fupérieure, & des piftils fur l'inférieure ; capfules
faifant des angles très-ouverts & recourbées
en arriere. (Elles reffemblent en quelque forte
à des puces). Fleurit en Mai.

—2 SQUARROSA. *Laiche dure.* Epi
n'ayant que des étamines fur fa partie inférieure, & des piftils fur celle d'en-haut ;
capfules horifontales & imbriquées. Fleurit en
Mai.

Epillets pourvus à-la-fois d'étamines & de piſtils.

—3 ARENARIA. *Laiche des ſables.* Epillets inférieurs écartés & garnis d'une foliole allongée ; capſules blanches à leur baſe, vertes à leur ſommet ; ſtyles rougeâtres ; tige triangulaire. Fleurit en Avril & Mai.

—4 LEPORINA. *Laiche des lievres.* Epillets ovales, ſeſſiles, rapprochés, alternes, ſans folioles, & d'une couleur brune. Fleurit en Mars & Avril.

—5 VULPINA. *Laiche hériſſée.* Epi pluſieurs fois compoſé, lâche dans ſa partie inférieure & jaunâtre; épillets ovales amoncelés, n'ayant que des étamines à leur partie ſupérieure. Fleurit en Mars & Avril.

—6 BRIZOIDES. *Laiche Briza.* Epillets rangés ſur deux côtés oppoſés, nus, oblongs & contigus; écailles brunes à rebords blanchâtres; tige nue. Fleurit en Mars & Avril.

—7 MURICATA. *Laiche piquante.* Epillets un peu ovales, ſeſſiles, écartés ; capſules aiguës, épineuſes & divergentes en chauſſe-trape & jaunâtres. Fleurit en Avril & Mai.

8— REMOTA. *Laiche à feuilles ſeſſiles.* Epillets ovales, preſque ſeſſiles & écartés, bractées auſſi longues que la tige. Fleurit en Avril & Mai.

—9 Elongata. *Laiche allongée.* Epillets oblongs, feffiles, écartés ; capfules ovales & aiguës. Fleurit en Avril & Mai.

—10 Canescens. *Laiche cendrée.* Epillets un peu arondis, écartés, feffiles, obtus & d'un verd blanchâtre ; capfules ovales & un peu obtufes. Fleurit *idem.*

—11 Paniculata. *Laiche en panicule.* Epillets formant une grappe compofée; écailles brunes à rebords blanchâtres; feuilles étroites ; tige triangulaire. Fleurit *idem.*

———

Epillets uniquement pourvus d'étamines ou de piftils. Ceux à piftils font feffiles.

—12 Flava. *Laiche jaune.* Epillets ferrés, un peu feffiles, & un peu arondis ; les mâles linéaires ; capfules aiguës & recourbées. Fleurit *idem.*

—13 Pilulifera. *Laiche porte-pilules.* Epillets ferrés entr'eux, & fitués au fommet de la tige ; les femelles un peu arondis & couverts d'écailles brunes, avec une raie verte , & les mâles oblongs & rouffâtres. Fleurit *idem.*

—14 Digitata. *Laiche digitée.* Epillets linéaires & droits ; le mâle plus court , & fitué au - deffous de l'autre épillet ; bractées non feuillées; capfules écartées entr'elles. Fleurit *idem.*

Epillets uniquement pourvus d'étamines ou de piſtils. Ceux à piſtils ſont pédunculés.

—15 PALLESCENS. *Laiche pâle.* Epillets pendans ; le mâle redreſſé, les femelles ovales, imbriqués & jaunâtres ; capſules ſerrées entr'elles & obtuſes ; feuilles garnies de duvet. Fleurit en Avril & Mai.

—16 PANICEA. Epillets droits & écartés ; les femelles linéaires & garnis de petites écailles brunes ; capſules enflées & un peu obtuſes. Fleurit *idem.*

—17 PSEUDO-CYPERUS. *Laiche faux Souchet.* Epillets pendans ; le mâle grêle & rouſsâtre, les femelles d'un vert jaunâtre ; péduncules géminés. Fleurit *idem.*

—18 CESPITOSA. *Laiche en gaʒon.* Epillets droits, cylindriques, preſque ſeſſiles & ternés ; le mâle terminant la tige qui eſt à trois côtes. Fleurit *idem.*

—19 DISTANS. *Laiche à épis écartés.* Epillets preſque ſeſſiles & très-écartés entr'eux ; bractées en forme de gaîne ; capſules anguleuſes, terminées par une pointe ſaillante. Fleurit *idem.*

Epillets uniquement pourvus d'étamines ou de piſtils. Les premiers ſont toujours au nombre de deux ou davantage.

—20 ACUTA, *Laiche d'eau* ou *Laiche ordinaire.* Epillets preſque feſſiles & très-roux; capſules femelles un peu obtuſes & brunes. Fleurit en Avril & Mai.

Var. — *Rufa.* Epillets mâles noirâtres; capſules à deux pointes aiguës.

—21 VESICARIA. *Laiche à veſſie.* Epillets femelles pédunculés & un peu verdâtres; capſules enflées & aiguës. Fleurit *idem.*

—22 HIRTA. *Laiche velue.* Epillets écartés. Les femelles légerement pédunculés & droits, capſules hériſſées. Fleurit *idem.*

TETANDRIE.
Quatre étamines.

368 LITTORELLA. Fleurs mâles ayant un calice de quatre feuilles, & une corolle à quatre diviſions; étamines longues. Fleurs femelles ſans calice, avec une corolle légerement diviſée en quatre; ſtyle long; ſemence formée par un noyau à une ſeule loge.

—1 LACUSTRIS. *Plantin de Moine.* Fleur d'un blanc ſale. Commune à l'étang de Saint-Gratien, & à celui des Planets, à Saint-Léger. Fleurit tout l'été.

M iv

369 BETULA. Trois fleurs mâles renfermées dans un calice d'une feule piece, à trois divifions ; corolle à quatre divifions ; deux fleurs femelles dans un calice d'une feule piece, légerement divifé en trois ; femences garnies de part & d'autre d'une aile membraneufe.

—1 ALBA. *Le Bouleau ordinaire.* Feuilles ovales dentées en fcie & aiguës ; tronc couvert d'une écorce blanche ; fleurs jaunes. Fleurit en Avril & Mai.

—2 ALNUS. *L'Aulne.* Péduncules rameux ; fleurs jaunes. Fleurit en Mars.

370 BUXUS. Fleurs mâles , ayant un calice à trois feuilles , deux pétales , & le rudiment d'un ovaire. Fleurs femelles , ayant un calice de quatre feuilles , trois pétales , trois ftyles , une capfule à trois pointes & à trois loges.

—1 SEMPERVIRENS. *Buis ordinaire.* Fleurs d'un blanc fale. Fleurit en Mars.

371 URTICA. Fleurs mâles ayant un calice de quatre feuilles , fans corolle, & un nectaire central en forme de coupe ; fleurs femelles , ayant un calice à deux valves, fans corolle ; une femence luifante.

—1 PILULIFERA. *Ortie Romaine.* Feuilles oppofées, ovales, dentées en fcie; des chatons globuleux portant les fruits; fleurs d'un blanc fale. Dans les endroits cultivés à Saint-Germain, & à Brunois. Fleurit en Juin.

—2 URENS. *Ortie Griêche.* Feuilles oppofées & ovales; fleurs d'un blanc fale. Fleurit tout l'été.

—3 DIOÏCA. *Grande Ortie.* Feuilles oppofées & en cœur; fleurs d'un blanc fale, en grappes difpofées par paire. (Les étamines & le piftil font féparés fur différens individus, par exception au caraĉtere.) Fleurit tout l'été.

372 MORUS. Fleurs mâles ayant un calice à quatre divifions, fans corolle. Fleurs femelles, ayant un calice de quatre feuilles fans corolle; deux ftyles. Ce calice eft une petite baie renfermant une femence.

—1 ALBA. *Le Murier blanc.* Feuilles liffes en cœur oblique; fleurs d'un blanc fale. Les remifes du Point-du-Jour à Sêve, font compofées de cet arbre. Fleurit en Mai.

—2 NIGRA. *Murier noir.* Feuilles rudes & en cœur; fleurs d'un blanc fale. Fleurit *idem.*

PENTANDRIE.

Cinq étamines.

373 XANTHIUM. Fleurs mâles ayant un calice commun garni d'écailles imbriquées; corolle monopétale à cinq divisions & en forme d'entonnoir; réceptacle garni de paillettes. Fleurs femelles ayant pour calice une collerette de deux feuilles, & renfermant deux fleurs; corolle nulle; le fruit est une baie seche hériffée de pointes roides, s'ouvrant en deux, & renfermant un noyau à deux loges.

— 1 STRUMARIUM. *Lampourde* ou *Petite Bardane.* Tige dénuée d'aiguillons; feuilles en cœur & à trois nervures; fleurs d'un blanc fale. Se trouve à Saint-Germain, & derriere les murs de Lonjumeau proche le Moulin, & à Antony. Fleurit en Juin.

374 AMARANTHUS. Fleurs mâles ayant un calice de trois ou cinq feuilles, fans corolle, & trois ou cinq étamines. Fleurs femelles ayant un calice de trois ou cinq feuilles fans corolle, & trois ftyles; capfule à une feule loge, s'ouvrant en travers; une femence.

— 1 BLITUM. *Amaranthe - Blète.* Paquets de

fleurs latéraux ; fleurs à trois étamines & à trois divifions ; feuilles ovales émouffées ; tige étalée ; fleurs d'un blanc fale. Se trouve fur les bords des chemins & foffés des villages. Fleurit en Juillet.

—2 VIRIDIS. *Amaranthe verte.* Fleurs difpofées en épis denfes , les mâles ont trois étamines & trois divifions ; fleurs ovales échancrées ; tige droite ; fleurs d'un blanc fale. Fleurit *idem.*

—3 RETROFLEXUS. *Amaranthe retrouffée.* Fleurs à cinq étamines , difpofées par paquets , les uns latéraux , & les autres terminant la tige , qui eft velue & en zig-zag ; rameaux recourbés ; fleurs d'un blanc fale. Fleurit *idem.*

POLYANDRIE.

Plus de fept étamines.

375 CERATOPHYLLUM. Fleurs mâles ayant un calice à plufieurs divifions , fans corolle , avec feize ou vingt étamines. Fleurs femelles ayant un calice à plufieurs divifions , fans corolle, un ovaire, point de ftyle ; une femence nue.

—1 DEMERSUM. *Hidre cornue.* Feuilles ayant des ramifications fourchues ; fruits à trois épines ; fleurs d'un blanc fale. On trouve cette plante prefque par-tout, dans les étangs & les mares. Fleurit en Juin.

—2 SUBMERSUM. *Hidre liſſe.* Feuilles ayant des ramifications ternées ; fruits dépourvus d'épines ; fleurs d'un blanc fale. Fleurit *idem.*

---

376 MYRIOPHYLLUM. Fleurs mâles , ayant un calice de quatre feuilles , fans corolle ; huit étamines. Fleurs femelles , ayant un calice de quatre feuilles fans corolle, quatre piſtils , point de ſtyles ; quatre femences nues.

— 1 SPICATUM. *Volant d'eau à épi.* Fleurs mâles , difpofées en épi interrompu & non garni de feuilles ; fleurs d'un blanc fale. Dans prefque toutes les mares & étangs. Fleurit depuis Mai jufqu'à la fin de l'été.

—2 VERTICILLATUM. *Volant d'eau verticillé.* Fleurs d'un blanc fale toutes verticillées & bifexuelles ; feuilles difpofées par quatre fous chaque verticille. Commun dans les étangs de Meudon, de Bondy & de Coquenard. Fleurit *idem.*

---

377 SAGITTARIA. Fleurs mâles , ayant un calice de trois feuilles ; corolle à trois pétales , environ vingt-quatre filamens. Fleurs femelles , ayant un calice de trois feuilles ; corolle à trois pétales ; piſtils nombreux ; femences nombreufes & nues.

—1 SAGITTIFOLIA. *Sagittaire* ou *fleche d'eau.* Feuilles en fer de fleche & aiguës; fleurs blanches. Cette plante eſt commune ſur les bords de la Seine. Fleurit en Juin.

Var. A. *Minor.* Tige peu élevée; feuilles très-étroites.

Var. B. *Major.* Tige très-élevée.

---

378 POTERIUM. Fleurs mâles ayant un calice de quatre feuilles, une corolle à quatre pétales, & trente à quarante étamines. Fleurs femelles ayant un calice de quatre feuilles, une corolle à quatre pétales & deux piſtils. Le fruit eſt une baie qui ſort du tube durci de la corolle.

—1 SANGUISORBA. *Pimprenelle.* Tige un peu anguleuſe; fleurs d'un blanc ſale, & quelquefois rougeâtre. Se trouve dans preſque tous les prés. Fleurit en Mai.

---

379 QUERCUS. Fleurs mâles ayant un calice à quatre ou cinq diviſions, point de corolle, & cinq à dix étamines. Fleurs femelles ayant un calice d'une ſeule piece, très-entier, & âpre au toucher, point de corolle, deux à cinq ſtyles, une ſemence ovoïde.

—1 ROBUR. *Chêne ordinaire.* Feuilles non perſiſtantes, oblongues, élargies dans leur par-

tie fupérieure, formant alternativement des angles rentrans aigus, & des angles faillans obtus ; fleurs rouffes. Fleurit en Mai.

—2 CERRIS. *Chêne foyeux.* Feuilles oblongues, découpées en lyre, & cotoneufes en-
deffous. Commun au bois de Boulogne. Fleurit *idem.*

—————

380 JUGLANS. Fleurs mâles ayant un
calice d'une feule piece en forme d'écaille ;
corolle à fix divifions ; dix-huit étamines. Fleurs
femelles ayant un calice à quatre divifions fupérieur au germe ; une corolle à quatre divifions & deux ftyles ; le fruit eft une noix dont
le noyau eft fillonné.

—1 REGIA. *Le Noyer ordinaire.* Feuilles ovales, glabres & un peu dentées en fcie ; fleurs
mâles jaunes ; fleurs femelles d'un blanc fale.
Fleurit en Mai.

Il y a plufieurs variétés que l'on diftingue
par le fruit.

—————

381 FAGUS. Fleurs mâles ayant un
calice campanulé à cinq divifions, point de corolle & douze étamines. Fleurs femelles ayant
un calice à quatre dents, point de corolle,
trois ftyles. Le calice fe change en une capfule
hériffée de pointes, s'ouvrant à quatre valves,
& renfermant deux femences.

—1 CASTANEA. *Chataignier ordinaire.* Feuilles lancéolées, bordées d'une denture aiguë, & nues en-deſſous ; fleurs d'un blanc ſale. Fleurit en Juin.

—2 SYLVATICA. *Hêtre.* Feuilles ovales imparfaitement dentées en ſcie ; fleurs rouſſes. Fleurit en Mai.

---

382 CARPINUS. Fleurs mâles ayant un calice d'une ſeule piece, ſemblable à une petite écaille, garni de cils ; corolle nulle ; vingt étamines. Fleurs femelles ayant un calice d'une ſeule piece, ſemblable à celui de la fleur mâle ; point de corolle ; deux ovaires, dont chacun porte deux ſtyles. Le fruit eſt une noix ovale.

—1 BETULUS. *Charme.* Ecailles des chatons planes ; fleurs mâles & femelles rouſſes. Fleurit en Avril.

---

383 CORYLUS. Fleurs mâles ayant un calice d'une ſeule piece à trois diviſions, ſemblable à une écaille, & renfermant une ſeule fleur ; point de corolle ; huit étamines. Fleurs femelles ayant un calice de deux feuilles qui eſt comme déchiré ; point de corolle ; deux ſtyles. Le fruit eſt une noix ovale connue ſous le nom de noiſette.

—1 Avellana. *Noisetier* Stipules ovales & obtuses ; fleurs mâles jaunes, & fleurs femelles rouges. Fleurit en Février & Mars.

S Y N G É N É S I E.

Etamines réunies par les anthères.

384 BRYONIA. Fleurs mâles ayant un calice à cinq dents, une corolle à cinq divisions, & trois filamens. Fleurs femelles ayant un calice à cinq dents, une corolle à cinq divisions, un style divisé en trois. Le fruit est une baie un peu globuleuse, & renfermant plusieurs semences.

—1 Alba. *Brione* ou *Coulevrée*. Tige grimpante & garnie de vrilles ; feuilles palmées, hérissées de points rudes sur leurs deux faces ; fleurs d'un blanc sale. Dans presque toutes les haies. Fleurit en Juin & Juillet.

VIGNT-DEUXIEME CLASSE.

DIŒCIE.

Toutes les fleurs à étamines fur certains individus, & toutes les fleurs à piftils fur d'autres.

MONANDRIE.

Une étamine.

385 NAJAS. Fleurs mâles ayant un calice cylindrique à deux divifions, & une corolle à quatre divifions; une feule étamine. Fleurs femelles fans corolle ni calice ; un piftil; capfule ovale à une feule loge.

—1 MARINA. Fleurs d'un blanc fale. Cette plante eft commune fur les bords de la Seine, vis-à-vis Conflans, dans les étangs de Coquenard, de Saint-Gratien & de l'Abbaye de Livry. Fleurit en Juin & Juillet.

Var. — *Minor.* Fleurs d'un blanc fale. Se trouve dans des cavités fur les bords de la Marne, vis-à-vis les Carrieres, & eft commune dans les baffins des Tuileries. Fleurit en Août & Septembre.

DIANDRIE.

386 SALIX. Fleurs mâles difpofées fur
un chaton écailleux; corolle nulle ; une glande
pleine de miel à la bafe des étamines. Fleurs
femelles difpofées fur un chaton écailleux; corolle nulle ; ftyle à deux divifions ; capfule à
une feule loge , & s'ouvrant en deux valves;
femences à aigrette.

Feuilles glabres dentées en fcie.

—1 PENTANDRA. *Saule odorant.* Feuilles ova-
les- lancéolées ; fleurs jaunes ayant cinq étamines. Se trouve fur les montagnes humides
à Palaifeau. Fleurit en Avril.

—2 VITELLINA. *Ozier jaune.* Feuilles ovales-aiguës , ayant leur denture cartilagineufe ;
pétioles chargés de points glanduleux ; fleurs
jaunes. Dans les lieux humides. Fleurit *idem.*

—3 AMYGDALINA. *Saule à feuille d'Amandier.* Feuilles lancéolées & pétiolées ; ftipules en
forme de triangle tronqué; fleurs jaunes. Fleurit *idem.*

—4 FRAGILIS. *Saule caffant.* Feuilles ovales-lancéolées ; pétioles garnis de dents glanduleufes ; fleurs jaunes. Fleurit *idem.*

—5 **Purpurea**. *Saule pourpre.* Feuilles lancéolées, les inférieures oppofées ; fleurs jaunes. Fleurit *idem*.

—6 **Helix**. *Saule Hélix.* Feuilles lancéolées-linéaires, les fupérieures oppofées & obliques ; fleurs jaunes. Se trouve à Sceaux dans les vignes, & eft très-commun à Saint-Léger, dans les marais des Planets, & à Bondy. Fleurit *idem*.

Feuilles entieres & velues.

—7 **Arenaria**. *Saule des fables.* Feuilles aiguës, un peu velues en-deffus, cotoneufes en-deffous. Commun à Saint-Léger, marais des Planets ; fleurs incanes. Fleurit *idem*.

—8 **Incubacea**. *Saule des Dunes.* Feuilles lancéolées, velues & luifantes en-deffous ; ftipules ovales & aiguës ; fleurs incanes. Se trouve dans une cavité fur le bord de l'ancienne route de Verfailles, au-deffus du jardin des Capucins de Meudon. Fleurit *idem*.

—9 **Repens**. *Saule rampant.* Feuilles lancéolées, prefque nues fur leurs deux faces ; tige rampante ; fleurs incanes. A Saint-Léger, marais des Planets. Fleurit *idem*.

Feuilles légerement dentées & velues.

—10 LANATA. *Saule laineux.* Feuilles un peu arondies , terminées en pointes aiguës , & garnies en-deſſus & en-deſſous d'un duvet ſemblable à de la laine ; fleurs incanes. Se trouve autour des étangs de Chaville, & à Saint Léger , marais des Planets. Fleurit *idem.*

—11 CAPREA. *Saule-Marceau.* Feuilles ovales , ridées , cotoneuſes en-deſſous , ondulées , garnies de petites dents vers le haut; fleurs jaunes. Fleurit *idem.*

Var. A. Feuilles arondies.

Var. B. Feuilles reſſemblantes à celles de l'orme.

—12 VIMINALIS. *Oſier blanc.* Feuilles preſque entieres, lancéolées-linéaires , très-longues, aiguës , ſoyeuſes en-deſſous ; rameaux ſouples , fleurs jaunes. Fleurit *idem.*

Var. Feuilles très-entieres , incanes en-deſſous.

—13 ALBA. *Saule blanc.* Feuilles lancéolées , terminées en pointes aiguës , dentées en ſcie ; chargées de duvet des deux côtés ; les dentures inférieures glanduleuſes ; fleurs jaunes. Fleurit *idem.*

TÉTRANDRIE.

Quatre étamines.

387 VISCUM. Fleurs mâles ayant un calice à quatre diviſions, ſans filamens; corolle nulle; anthères inferées ſur le calice. Fleurs femelles ayant un calice à quatre diviſions & ſupérieur à l'ovaire, ſans ſtyle ni corolle; baie renfermant une ſemence en cœur.

—1 ALBUM. *Le Guy.* Feuilles lancéolées-obtuſes; tige fourchue. Plante paraſite & ligneuſe qui ſe trouve ſur preſque tous les anciens arbres; fleurs jaunes. Fleurit en Mars.

388 MYRICA. Fleurs mâles diſpoſées ſur un chaton, garni d'écailles en forme de croiſſant; corolle nulle. Fleurs femelles diſpoſées ſur un chaton, auſſi garni d'écailles en croiſſant; point de corolle; deux ſtyles; baie renfermant une ſemence.

—1 GALE. *Piment Royal.* Feuilles lancéolées, légerement dentées; tige ayant une conſiſtance qui approche de celle de l'arbriſſeau. Très-commun à Saint-Léger; les habitans du pays s'en chauffent, & en chauffent leurs fours; fleurs jaunes. Fleurit en Avril.

PENTANDRIE.

Cinq étamines.

389 CANNABIS. Fleurs mâles ayant un calice à cinq divisions, fans corolle. Fleurs femelles ayant un calice d'une feule piece & entier, qui préfente fon ouverture de côté; corolle nulle; deux ftyles. Le fruit eft une efpece de noix à deux valves, entiérement recouverte par le calice.

—1 SATIVA. *Chanvre.* Fleurs mâles jaunes; fleurs femelles d'un blanc fale. Fleurit en Juin.

390 HUMULUS. Fleurs mâles ayant un calice de cinq feuilles, fans corolle; fleurs femelles ayant un calice d'une feule piece, entier, & dont l'ouverture eft oblique; corolle nulle; deux ftyles; une femence renfermée dans le calice qui eft femblable à une coiffe membraneufe.

—1 LUPULUS. *Houblon.* Fleurs d'un blanc fale. Fleurit en Juillet.

HEXANDRIE.

Six étamines.

391 TAMUS. Fleurs mâles ayant un ca-
lice à fix divifions fans corolle. Feurs femelles
ayant auffi un calice à fix d'vifions fans corolle ; ftyle divifé en trois ; bàies à trois loges ,
inférieures au calice ; deux femences.

— 1 COMMUNIS. *Sceau de Notre-Dame* ou
Herbe aux femmes battues. Feuilles en cœur
fans divifions ; fleurs d'un blanc fale. Dans
prefque tous les bois. Fleurit en Juin & Juillet.

OCTANDRIE.

Huit étamines.

392 POPULUS. Fleurs mâles difpofées
fur un chaton ; calice formé par une lame qui
eft comme déchirée ; corolle en forme de poire,
oblique & entiere. Fleurs femelles difpofées
fur un chaton ; calices & corolles femblables
à ceux du mâle ; ftigmate à quatre divifions ;
capfule à deux loges ; femences nombreufes à
aigrette.

— 1 ALBA. *Peuplier blanc.* Feuilles un peu
arondies , entourées d'angles aigus , cotoneu-

fes en deſſous ; fleurs brunes. Fleurit en Mars
& Avril.

—2 TREMULA. *Peuplier Tremble.* Feuilles un
peu arondies, entourées d'angles aigus, glabres des deux côtés. (Les feuilles, dont les pétioles font comprimées & foibles, tremblent
à la moindre agitation de l'air) ; fleurs brunes.
Fleurit *idem.*

—3 NIGRA. *Peuplier noir.* Feuilles deltoïdes,
c'eſt-à-dire, compoſées de deux triangles,
dont l'inférieur eſt obtus, & le ſupérieur aigu, dentées en ſcie, & terminées en pointes
déliées ; fleurs rouges. Fleurit *idem.*

ENNÉANDRIE.

Neuf étamines.

393 MERCURIALIS. Fleurs mâles ayant
un calice à trois diviſions, ſans corolle, neuf à
douze étamines, dont les anthères font globuleuſes & diviſées par un fillon circulaire. Fleurs
femelles ayant un calice à trois diviſions, ſans
corolle ; deux ſtyles ; capſule à deux coques & à
deux loges, renfermant chacune une ſemence.

—1 PERENNIS. *Mercuriale des bois.* Tige
très-ſimple ; feuilles rudes ; fleurs d'un blanc
ſale. Dans preſque tous les bois. Fleurit en
Avril.

—2 ANNUA.

—2 ANNUA. *Mercuriale ordinaire.* Tige branchue ; fleurs en épi ; d'un blanc fale ; feuilles glabres. Fleurit tout l'été.

------

394 HYDROCHARIS. Fleurs mâles ayant un fpathe à deux feuilles, un calice à trois divifions, & une corolle à trois pétales ; trois des étamines placées au centre, portent chacune un ftyle. Fleurs femelles ayant un calice à trois divifions ; une corolle à trois pétales ; fix ftyles ; une capfule divifée en fix loges à plufieurs femences, & inférieure à la corolle.

—1 MORSUS RANÆ. *Mors de Grenouilles.* Plante flottante fur l'eau ; fleurs blanches. Très-commune fur la riviere de Crône, depuis le village jufqu'à Hyeres, à Brunois, près de la vieille machine, & auffi dans les foffés de Creil. Fleurit en Juin & Juillet.

MONADELPHIE.

Etamines réunies en un feul corps par leurs filamens.

395 JUNIPERUS. Fleurs mâles difpofées fur des chatons écailleux ; corolle nulle ; trois étamines. Fleurs femelles ayant un calice

N

à trois divisions, trois pétales, trois styles; une baie à trois semences.

—1 COMMUNIS. *Genévrier ordinaire.* Feuilles ternées & ouvertes, terminées en pointes saillantes & dépassant les baies; fleurs jaunes, Fleurit en Mars & Avril.

396 TAXUS. Fleurs mâles ayant un calice de trois écailles qui forment le bouton; point de corolle; étamines nombreuses; anthères en forme de chapiteau pédiculé, après s'être ouvertes en-dessous en huit parties. Fleurs femelles, ayant un calice semblable à celui des fleurs mâles, sans corolle ni style; une semence renfermée dans une baie très-entiere.

—1 BACCATA. *If.* Feuilles rapprochées par paquets; fleurs jaunes. Fleurit en Mars.

SYNGÉNÉSIE.

397 RUSCUS. Fleurs mâles ayant un calice à six divisions, sans corolle. On remarque au centre un nectaire ovale percé à son sommet. Fleurs femelles, semblables aux mâles par le calice & le nectaire, & pareillement sans corolle; un seul style; une baye à trois loges, dont chacune renferme deux semences.

—1 ACULEATUS. *Houx-frelon.* Feuilles sessiles , ovales , aiguës , roides & piquantes , dont la partie supérieure porte les péduncules des fleurs , qui font d'un blanc fale. Se trouve dans les bois. Fleurit en Mai.

VINGT-TROISIEME CLASSE.

POLYGAMIE.

Fleurs biffexuelles , avec des fleurs fimplement pourvues d'étamines ou de piftils , au moins fur quelques individus.

MONŒCIE.

Fleurs biffexuelles , & fleurs pourvues d'étamines ou de piftils fur tous les individus.

PLANTES GRAMINÉES.

398 ANDROPOGON. Fleurs biffexuelles ayant pour calice une bâle uniflore, & pour corolle une bâle garnie à fa bafe d'une arête; trois étamines ; deux ftyles ; une femence.

N ij

Fleurs mâles femblables, par le calice & la corolle, aux biffexuelles ; trois étamines.

—1 ISCHÆMUM. Plufieurs épis difpofés comme des doigts ; fleurs fertiles fans pédicules, & les unes barbues, les autres fans barbe ; fleurs ftériles, ayant des pédicules garnis de laine. Se trouve fur les bords des chemins & foffés à Senlis & à Compiegne, Fleurit en Août.

---

399 HOLCUS. Fleurs biffexuelles ayant pour calice une bâle qui renferme une ou deux fleurs, & pour corolle une bâle barbue ; trois étamines ; deux ftyles ; une femence. Fleurs mâles ayant pour calice une bâle à deux valves ; corolle nulle ; trois étamines.

—1 MOLLIS. Bâles biflores & prefque nues ; fleurs biffexuelles fans barbes ; fleurs mâles, ayant une barbe très-apparente, recourbée en forme de genou. Fleurit tout l'été.

—2 LANATUS. Bâles biflores & velues ; fleurs biffexuelles fans barbes ; fleurs mâles ayant une barbe peu apparente, recourbée en - dehors, Fleurit *idem.*

---

400 CENCHRUS. Epi entouré d'une collerette hériffée de poils, & comme déchiquetée, qui renferme deux fleurs ; calice compofé d'une bâle à deux fleurs, l'une mâle, l'autre

biffexuelle ; celle-ci a pour corolle une barbe fans arête, trois étamines & une femence. La fleur mâle a auffi pour corolle une barbe fans arête & trois étamiues.

—1 RACEMOSUS. Panicule en épi ; bâles écartées, & dont les cils font difpofés en chauffe-trape. Elles deviennent rouges après la floraifon. Fleurit en Juin & Juillet.

---

401 ÆGILOPS. Fleurs biffexuelles ayant pour calice une bâle qui renferme deux ou trois fleurs, & d'une confiftance cartilagineufe ; pour corolle une bâle terminée par trois barbes ; trois étamines ; deux ftyles ; une femence. Fleurs mâles ayant le calice & la corolle comme les biffexuelles, & trois étamines.

—1 OVATA. Epi barbu ; tous les calices garnis de trois barbes. Fleurit en Juin & Juillet.

PLANTES NON GRAMINÉES.

402 VALANTIA. Fleurs biffexuelles fans calice, ayant une corolle à quatre divifions, quatre étamines ; un ftyle divifé en deux ; une femence. Fleurs mâles dépourvues de calice, ayant une corolle à trois ou quatre divifions, avec trois ou quatre étamines. Le piftil eft peu fenfible.

—1 APARINE. *Faux-Gratteron.* Fleurs blanches & ternées, dont les deux latérales font divifées en rrois, & pédunculées, & celle du milieu biffexuelle, à quatre divifions, & fans péduncule propre. Cette plante eft très-commune dans les endroits cultivés à Arcueil, & auffi fur le côteau depuis la manufacture de Phofphore jufqu'à Saint-Maur. Fleurit en Juin.

—2 CRUCIATA. *Croifete velue.* Fleurs mâles à quatre divifions ; péduncules garnis de deux bractées ; fleurs jaunes. Se trouve dans prefque tous les bois. Fleurit tout l'été.

* * *

403 PARIETARIA. Fleurs biffexuelles ayant un calice à quatre divifions ; point de corolle ; quatre étamines ; un ftyle ; une femence allongée & fupérieure au calice. Fleurs femelles ayant un calice à quatre divifions, fans corolle. Le ftyle & la femence comme dans les fleurs biffexuelles.

—1 OFFICINALIS. *Pariétaire.* Feuilles lancéolées-ovales , péduncules fourchus ; calices de deux feuilles ; fleurs femelles en forme de pyramides à quatre côtés ; fleurs d'un blanc fale. Fleurit tout l'été.

—2 JUDAICA. *Petite Pariétaire.* Feuilles ovales ; tige droite ; calice renfermant trois fleurs corolles des fleurs mâles en forme de cylindres allongés ; fleurs d'un blanc fale. Se trouve dans les murailles des aqueducs à Arcueil. Fleurit *idem*.

------

404 ATRIPLEX. Fleurs biffexuelles ayant un calice de cinq feuilles, point de corolle, cinq étamines, un ftyle à deux divifions, une femence comprimée. Fleurs femelles ayant un calice de deux feuilles, & point de corolle; ftyle & femence comme dans la précédente.

—1 HASTATA. *Arroche en fer de fleche.* Valves des calices femelles grandes, finuées & en forme de quadrilatére obtus d'un côté & aigu de l'autre; fleurs d'un blanc fale. Se trouve le long des murailles & foffés. Fleurit en Juillet & Août.

—2 PATULA. *Arroche touffue.* Tige étalée; feuilles un peu lancéolées; calices des femences dentés en leur difque; fleurs d'un blanc fale. Fleurit *idem*.

—3 LITTORALIS. *Arroche aquatique.* Tige droite; toutes les feuilles très-entieres & linéaires; fleurs d'un blanc fale. Se trouve fur les bords de la Seine & de plufieurs étangs. Fleurit *idem*.

------

405 ACER. Fleurs biffexuelles ayant un calice à cinq divifions, une corolle à cinq pétales, huit étamines, un piftil, deux ou trois

capſules à une ſeule ſemence , terminées chacune par une aile.

—1 PSEUDO-PLATANUS. *Sycomore.* Feuilles
à cinq lobes, inégalement dentées en ſcie; fleurs
jaunes en grappes longues & pendantes. Fleurit
en Avril.

—2 PLATANOIDES. *Erable plane.* Feuilles glabres, à cinq lobes terminés en pointes ſaillantes , & ayant des dentures aiguës ; fleurs jaunes en bouquets courts & à demi redreſſés.
Fleurit *idem.*

—3 CAMPESTRE. *Erable ordinaire.* Feuilles
lobées, obtuſes & échancrées ; fleurs jaunes.
Fleurit *idem.*

DIŒCIE.

406 FRAXINUS. Fleurs biſſexuelles, ou ſans
calice , ou avec un calice à quatre diviſions;
corolle ou nulle, ou à quatre pétales ; deux
étamines ; un piſtil ; une ſemence lancéolée.
Fleurs femelles renfermant une ſeule ſemence
pareillement lancéolée.

—1 EXCELSIOR. *Frêne ordinaire.* Folioles
dentées en ſcie; fleurs brunes ſans corolles.
Fleurit en Avril.

VINGT-QUATRIEME CLASSE.

CRYPTOGAMIE.

Etamines & piftils infenfibles.

FOUGERES.

Fructifications ramaffées en épis.

407 EQUISETUM. Epi garni de fructi-fications foutenues fur des pédicules perpendiculaires à l'axe, & qui s'ouvrent vers leur bafe, à plufieurs valves.

—1 SYLVATICUM. *Prêle ou Queue de cheval, des bois.* Tige articulée, portant un épi terminal ; feuilles compofées ; fleurs jaunes. Fleurit en Mai.

—2 ARVENSE. *Queue de Cheval, des champs.* Tige fleurie nue ; tige ftérile garnie de feuilles ; fleurs jaunes. Dans les champs cultivés. Fleurit *idem.*

—3 PALUSTRE. *Queue de cheval, des marais.* Tige à plufieurs côtes ; feuilles fimples ; fleurs jaunes. Fleurit en Août & Septembre.

—4 FLUVIATILE. *Queue de Cheval ftriée.* Tige chargée de ftries ; feuilles prefque fimples : parmi les tiges, les unes portent les fleurs, & les au-

N v

tres font ſtériles ; fleurs jaunes. Cette plante fleu‑
rit quelquefois au printemps, & quelquefois en
automne, ſelon la hauteur des eaux.

—5 LIMOSUM. *Queue de Cheval ſans feuil‑*
les. Tige liſſe & preſque nue ; fleurs jaunes.
Fleurit en Mai.

—6 HYEMALE. *Queue de Cheval rude.* Tige
nue, âpre, un peu branchue à ſa baſe ; fleurs
jaunes. Se trouve à Montmorency. Fleurit en
Février & Mars.

———————

408 OPHIOGLOSSUM. Epi articulé, garni de
fructifications ſur deux côtés oppoſés : les arti‑
culations s'ouvrent tranſverſalement.

—1 VULGATUM. *Langue de Serpent.* Feuil‑
les ovales. Cette plante jette une pouſſiere jaune
à la maniere des fougeres. Elle eſt commune
dans les prés humides, & dans les marais des
bois. Fleurit en Juin & Juillet.

Var. —*Minus.* Feuilles un peu arondies.

———————

409 OSMUNDA. Epi rameux ; fructifications
globuleuſes.

—1 LUNARIA. *La Lunaire.* Hampe ſolitaire,
diſtinguée de la feuille ailée qui l'accompagne,
& dont les folioles ont un peu la forme d'un
croiſſant. Se trouve à Meudon, à Montmorency,

au bois de Boulogne , & eſt très-commune au château de Verneuil , village entre Creil & Pont-Sainte-Maxence. Fleurit en Juin.

—2 REGALIS. *Fougere Royale.* Fruĉtifications portées par les parties ſupérieures des feuilles , qui ſont deux fois ailées. Très-commune à Montmorency & à Saint-Léger , marais des Planets. Fleurit *idem.*

—3 SPICANT. *Oſmonde à feuilles linéaires.* Feuilles les unes ſtériles , les autres portant la fruĉtification. Elles ſont lancéolées , ailées , & ont leurs pinnules très-entieres & paralleles , excepté à leur baſe où ces pinnules ſont confluentes. Très-commune à Montmorency & à Saint-Léger, marais des Planets. Se trouve auſſi aux buttes de Sêve. Fleurit *idem.*

—————

410 ACROSTICHUM. Fruĉtifications couvrant entiérement le diſque poſtérieur de la feuille.

—1 SEPTENTRIONALE. Feuilles dont les diviſions ſécondaires ſont nues & linéaires. Se trouve dans les murailles des pieces d'eau de Saint-Cyr ; eſt auſſi très-commune ſur les rochers du côté d'Etampes. Fleurit en Septembre.

FRUCTIFICATIONS ÉPARSES SUR LE DOS DES FEUILLES.

411 PTERIS. Fructifications difposées fur une ligne qui borde la partie poftérieure des feuilles.

—1 AQUILINA. *Fougere ordinaire.* Feuilles plufieurs fois ailées ; folioles garnies de pinnules lancéolées, dont les inférieures font elles-mêmes ailées, & celles d'en-haut plus petites. La racine coupée obliquement repréfente fur fa coupe deux aigles adoffées. Fleurit au mois d'Août.

412 ASPLENIUM. Fructifications en forme de petites lignes éparfes fur le difque poftérieur des feuilles.

—1 SCOLOPENDRIUM. *La Scolopendre.* Feuilles fimples échancrées à leur bafe, ayant la forme d'une langue & très-entieres ; pétioles chargés de poils rouffâtres. Cette plante vient dans les fentes des anciennes murailles, fur-tout de celles qui font privées du foleil, & dans les puits. Fleurit en Septembre.

—2 CETERACH. *Céterach.* Feuilles ailées, dont les lobes font alternes, obtus & confluens à leur bafe. Les feuilles font tellement cou-

vertes d'écailles rouſſâtres ſur leur ſurface poſ-
térieure, qu'on ne voit point la fructification.
Se trouve dans les fentes des murailles à
Meudon, aux Camaldules proche Brunois, &
ailleurs. Fleurit *idem.*

—3 TRICHOMANOIDES. *Polytric.* Feuilles ailées, ayant leurs pinnules un peu arondies &
crénelées. Fleurit *idem.* Dans les fentes de preſque toutes les anciennes murailles.

—4 RUTA MURARIA. *Rue de muraille* ou
Sauve-vie. Feuilles doublement compoſées,
ayant leurs folioles en forme de coin, & un peu
crénelées. Fleurit *idem.* Se trouve dans les fentes de preſque toutes les anciennes murailles.

—5 ADIANTUM NIGRUM. *Capillaire noir.*
Feuilles preſque trois fois ailées ; folioles alternes ; pinnules lancéolées, inciſées & dentées
en ſcie. Commune ſur les berges & dans les
foſſés des bois. Fleurit *idem.*

---

413 POLYPODIUM. Fructifications diſpoſées par points arondis ſur le diſque poſtérieur
des feuilles.

—1 VULGARE. *Polypode ordinaire* ou *Polypode de chêne des anciens.* Feuilles ailées, ayant
leurs pinnules oblongues, légerement dentées
en ſcie, & obtuſes ; racine écailleuſe. Sur toutes
les vieilles murailles & dans les foſſés des bois.
Fleurit tout l'hiver.

—2 LONCHITIS. Feuilles ailées ; pinnules un peu courbées en croiſſant, dentées, bordées de cils, & garnies d'oreillettes à leur baſe ; pétioles comme hériſſées d'écailles rudes. Fleurit en Septembre & Octobre.

—3 CRISTATUM. *Polypode en crête.* Feuilles preſque deux fois ailées ; folioles ovales-oblongues ; pinnules un peu obtuſes, garnies de denticules aiguës à leur ſommet. Fleurit en Juillet, Août & Septembre.

—4 FILIX MAS. *Fougere mâle.* Feuilles deux fois ailées ; pinnules obtuſes & crénelées ; pétiole commun garni de pailletes ; fructifications diſpoſées par points en forme de rein. Fleurit en Juin, Juillet, Août & Septembre.

—5 FILIX FŒMINA. *Fougere femelle.* Feuilles deux fois ailées, pinnules lancéolées, aiguës, ailées elles-mêmes ; fructifications diſpoſées par points ovales, ciliés & ſolitaires. Fleurit *idem*.

—6 ACULEATUM. *Polypode épineux.* Feuilles deux fois ailées ; pinnules en forme de croiſſant, ciliées & dentées ; pétioles hériſſés de poils rudes. Se trouve à Meulon. Fleurit en Juillet & Août.

—7 RHÆTICUM. *Capillaire blanc.* Feuilles deux fois ailées ; folioles & pinnules écartées & lancéolées, ayant des dentures aiguës. Très-commune à Meudon, dans les environs de l'étang de la Garenne. Fleurit *idem*.

—8 FRAGILE. *Polypode fragile.* Feuilles deux. fois ailées ; folioles écartées ; pinnules incifées & un peu arondies. A Meudon. Fleurit *idem.*

9 REGIUM. *Polypode Royal* ou *à feuilles de fumeterre.* Feuilles deux fois ailées ; folioles prefque oppofées ; pinnules alternes & laciniées. Se trouvé à Fontainebleau , & au château de Villard (à deux lieues de Melun). On en trouvoit autrefois dans les fentes des murs des Tuileries. Fleurit *idem.*

—10 DRYOPTERIS. Feuilles plufieurs fois ailées ; folioles ternées & deux fois ailées. Se trouve dans la plaine des Genévriers , forêt de Senart. Fleurit *idem.*

FRUCTIFICATIONS DISPOSÉES DANS LE VOISINAGE DES RACINES.

414 PILULARIA. Fructifications mâles , difpofées fur les côtés des feuilles ; fructifications femelles fituées près de la racine , ayant une forme globuleufe & divifées en quatre loges.

—1 GLOBULIFERA. *Pilulaire à globules.* Très-commune dans prefque toutes les mares de la plaine des Genévriers , forêt de Senart , autour de l'étang de Saint-Hubert , & dans prefque toutes les mares de la forêt de Fontainebleau. Fleurit en Juillet & Août.

MUSCI.

MOUSSES.

415 LYCOPODIUM. Urne bivalve & feſſiles ; coiffe nulle.

—1 CLAVATUM. *Mouſſe terreſtre.* Feuilles éparſes, terminées chacune par un filament ; épis géminés & preſque cylindriques. Très-commune dans la forêt de Montmorency, & auſſi dans les bois de l'Egliſe, au-deſſus de Ruel, & dans ceux de Clamart, ſous Meudon. Fleurit en Août & Septembre.

—2 INUNDATUM. *Lycopode aquatique.* Feuilles éparſes & très-entieres ; épis terminaux & garnis de feuilles. Se trouve à Saint-Léger, marais des Planets. Fleurit *idem.*

—3 ALPINUM. *Lycopode des Alpes.* Feuilles aiguës, imbriquées ſur quatre côtés ; tige droite, fourchue ; épis feſſiles & cylindriques. A Saint-Léger dans les bois. Fleurit *idem.*

—4 COMPLANATUM. *Lycopode couchée.* Feuilles connées, diſpoſées ſur deux rangs, & recouvertes par d'autres feuilles ſolitaires ; épis géminés & pédunculés. A Saint-Léger. Fleurit *idem.*

416 SPHAGNUM. Urne chargée d'un opercule non cilié en son bord ; coïffe nulle.

—1 PALUSTRE. Rameaux recourbés de haut en bas ; les urnes s'ouvrent avec explosion. Dans presque tous les marais des bois. Fleurit en Avril & Mai.

—2 ARBOREUM. Tige rameuse & rampante ; urnes latérales & tournées du même côté. Sur presque tous les arbres. Fleurit tout l'hiver.

417 PHASCUM. Urne chargée d'un opercule, & ciliée en son bord ; coïffe à peine sensible.

—1 ACAULON. Tige nulle ; urne sessile ; feuilles ovales & aiguës. Fleurit tout l'hiver.

—2 SUBULATUM. Tige nulle ; urne sessile ; feuilles capillaires & divergentes. Fleurit *idem.*

418 FONTINALIS. Urne chargée d'un opercule, sessile & enveloppée d'écailles à sa base.

—1 ANTIPYRETICA. Feuilles plissées en carêne, & disposées sur trois rangs ; urnes latérales. Cette plante est très-commune dans la riviere de Crône, entre les deux eaux. Fleurit tout l'hiver.

—2 MINOR. Feuilles ovales , concaves , aiguës, difpofées fur trois rangs , & fouvent géminées ; urnes terminales. Se trouve à toutes les roues de la machine de Marly , & autour du Bac de Surêne. Fleurit *idem*.

—3 PENNATA. Feuilles difpofées fur deux rangs & divergentes ; urnes latérales. Se trouve dans les forêts aux pieds des arbres. Fleurit *idem*.

———

419 BUXBAUMIA. Urne chargée d'un opercule , & bordée intérieurement d'une membrane. Son fommet porte une coiffequi tombe de très-bonne heure. Sous l'opercule eft fufpendu un fachet rempli d'une poudre que l'on regarde comme la pouffiere fécondante.

—1 FOLIOSA. Tige nulle; urne prefque feffile & environnée de petites feuilles. Se trouve communément fur les foffés fecs, au-deffus de l'étang de Châlet à Meudon, & à Montmorency , fur la montagne au-deffus de Sainte-Radegonde. Fleurit tout l'hiver.

———

420 SPLACHNUM. Urne portée fur une efpèce d'apophyfe ou de renflement très-fenfible & coloré; coiffe caduque. Les rofettes des feuilles , qu'on regarde comme les parties femelles, font fur des pieds féparés.

—1 AMPULLACEUM. Réceptacle de l'urne un peu conique, & femblable à une bouteille. Se trouve à Saint-Léger, à Fontainebleau, & dans les plombs du château de Villard. Fleurit tout l'hiver.

---

411 POLYTRICHUM. Urne chargée d'un opercule, & portée fur une apophyfe ou renflement à peine fenfible; coiffe velue. Les rofetes de feuilles, qu'on regarde comme les parties femelles, font fur des pieds féparés.

—1 COMMUNE. *Perce-mouffe.* Tige fimple; urne ayant à-peu-près la forme d'un cube allongé. Fleurit en Mars & Avril.

—2 URNIGERUM. Tige très-rameufe; pédicules axillaires. Je n'ai jamais trouvé ce polytric.

---

422 MNIUM. Urne chargée d'un opercule; coiffe liffe. L'individu femelle eft diftingué par un globule nu, folitaire, pulvérulent, ou par une fimple rofette de feuilles.

—1 PELLUCIDUM. Tige fimple, nue dans fa partie inférieure; feuilles ovales. Se trouve dans les foffés des bois. Fleurit en Février.

—2 ANDROGYNUM. Tiges rameufes. Celles qui portent les globules font nues dans leur partie fupérieure. Sur les bords des chemins & foffés des bois. Fleurit en Février, Mars & Avril.

—3 FONTANUM. Tige simple & coudée. Se trouve à Montmorency, dans différens ruisseaux de la forêt. Fleurit *idem*.

—4 PALUSTRE. Tige fourchue; feuilles en fer d'alène. Dans les marais des bois, notamment à Bondy & à Montmorency. Fleurit en Avril & Mai.

—5 HYGROMETRICUM. Tige nulle; urnes pendantes; coiffe refléchie, ayant quatre angles saillans. Fleurit tout l'hiver.

—6 PURPUREUM. Tige fourchue; pédicules insérés dans l'angle des rameaux; urnes droites; feuilles relevées en carêne. Fleurit en Février & Mars.

—7 SETACEUM. Urnes droites; opercules déliés comme un fil, & aussi longs que les urnes. Très-commune à Montmorency, dans les endroits élevés de la forêt. Fleurit en Mars & Avril.

—8 CIRRATUM. Feuilles qui se tortillent & se crispent en se desséchant. Se trouve dans les bois élevés & sur les anciennes murailles. Fleurit en Janvier & Février.

—9 HORNUM. Urnes pendantes; pédicules courbés; tige simple, feuilles, rudes en leur bord. Dans les bois. Fleurit en Février & Mars.

—10 CAPILLARE. Urnes pendantes; feuilles ovales, plissées en goutiere, & terminées par une soie; pédicules très longs. Dans les bois. Fleurit *idem*.

—11 POLYTRICHOIDES. Coiffe velue. Sur les bords des fossés & chemins des bois. Fleurit en Novembre & Décembre. L'on peut regarder ce *Mnium* comme un *Polytrichum*.

—12 SERPILLIFOLIUM. Pédicules fasciculés ; feuilles luisantes & ouvertes. Fleurit en Février & Mars.

Var. A. —*Punctatum*. Feuilles un peu ovales, obtuses, très - entieres & ponctuées. Fleurit *idem*.

Var. B. —*Cuspidatum*. Feuilles alternes, aiguës, dentées en scie. Fleurit *idem*.

Var. C. —*Proliferum*. Feuilles ramassées en rose, lancéolées & aiguës. Fleurit *idem*.

Var. D. —*Undulatum*. Feuilles oblongues & ondulées. Fleurit *idem*.

—13 TRIQUETRUM. Feuilles denses disposées sur trois rangs, lancéolées, aiguës & plissées en carêne. Dans les marais de la forêt de Bondy. Fleurit en Avril & Mai.

—14 TRICHOMANIS. Feuilles très - entieres, disposées des deux côtés de la tige, dont l'extrêmité se releve, & a la forme d'un filament terminé par un petit globule blanchâtre. Commun dans les marais & fossés des bois.

—15 FISSUM. Feuilles disposées des deux côtés de la tige, très - petites & divisées en deux. Se trouve dans les bois.

—16. JUNGERMANIA. Feuilles disposées des

deux côtés de la tige, & garnies en-deſſous d'une oreillette. Dans les marais & foſſés des bois.

---

422 BRYUM. Urne chargée d'un opercule ; coiffe liſſe ; pédicule ſortant d'un tubercule qui termine la tige.

Urnes droites.

—1 APOCARPUM. Urnes ſeſſiles ; coiffes très-petites. Commun ſur les vieilles pierres & ſur les troncs des arbres. Fleurit tout l'hiver.

—2 STRIATUM. Pédicules courts ; urnes éparſes ; coiffe ſtriée & velue dans ſa partie ſupérieure. Sur les vieilles pierres. Fleurit en Novembre & Décembre.

—3 POMIFORME. Urnes ſphériques. Sur les bords des chemins & foſſés des bois. Fleurit en Mars.

—4 PYRIFORME. Urnes ovoïdes ; coiffe en fer d'alène ; tige nulle ; feuilles ovales. Sur les bords des chemins & foſſés. Fleurit en Janvier & Février.

—5 EXTINCTORIUM. Urnes petites & oblongues ; coiffe lâche, & comme coupée net par le bas en forme d'éteignoir. Commun ſur les murailles du château & du parc de Meudon,

& fur celles des jardins de Ville-d'Avrai. Se trouve auffi fur les foffés des bois. Fleurit en Janvier & Février.

—6 Subulatum. Urnes en fer d'alêne ; tige nulle. Dans tous les bois. Fleurit en Janvier, Février & Mars.

—7 Rurale. Urnes prefque droites ; feuilles réflechies & terminées par un poil. Dans les bois ; dans les champs & fur les chaumieres. Fleurit en Février & Mars.

—8 Murale. Feuilles un peu redreffées & terminées par un poil , (excepté dans une variété ;) tiges fimples ramaffées en gazon. Fleurit tout l'hiver.

—9 Scoparium. Urnes prefque droites ; pédicules fafciculés ; feuilles courbes & tournées du même côté ; tige penchée. Commun dans tous les bois. Fleurit tout l'hiver.

—10 Undulatum. Urnes prefque droites ; pédicules le plus fouvent folitaires ; feuilles lancéolées, pliffées en goutiere, ondulées, ouvertes, dentées en fcie. (C'eft le plus commun de ceux qui viennent dans les bois). Fleurit prefque toute l'année.

—11 Glaucum. Urnes prefque droites ; opercules courbés en arc ; feuilles droites & imbriquées ; tiges rameufes. Dans prefque tous les bois. Fleurit en Décembre & Janvier ; mais rarement on la trouve dans cet état.

—12. PELLUCIDUM. Urnes prefque droites; feuilles réflechies & aiguës; tige velue. Je ne l'ai jamais trouvé qu'à Fontainebleau. Fleurit en Janvier & Février.

—13 HETEROMALLUM. Feuilles fétacées, la plupart courbées en faucille & tournées du même côté. Dans prefque tous les foffés des bois. Fleurit tout l'hiver.

— 14 TRUNCATULUM. Urnes un peu globuleufes, qui paroiffent tronquées après la chute de l'opercule. Sur prefque toutes les anciennes murailles. Fleurit en Décembre & Janvier.

—15 VIRIDULUM. Urnes ovales; feuilles lancéolées, terminées en pointe aiguë, ouvertes & un peu imbriquées. Dans prefque tous les bois. Fleurit en Janvier & Février.

—16 PALUSTRE. Anthères un peu globuleufes & axillaires; feuilles diftantes & en fer d'alêne. Dans les foffés & bois de Montmorency. Fleurit en Mars & en Avril.

—17 PALUDOSUM. Tige nulle; feuilles fétacées; urnes épaiffes & très-obtufes. Dans les marais des bois. Fleurit en Février & Mars.

—18 HYPNOIDES. Tiges un peu inclinées, garnies latéralement de rameaux fertiles, & couvertes de poils blancs. Sur les bords des chemins & foffés des bois. (On peut le regarder comme un *Hypnum.*) Fleurit en Décembre & Janvier.

—19 ÆSTIVUM.

—19 ÆSTIVUM. Urnes un peu arondies & difposées latéralement ; feuilles en forme d'alêne & diftantes. Dans les bois à Montmorency. Fleurit en Janvier & Février.

—20 CELSII. Urnes prefque droites ; pédicules très-longs ; feuilles déliées comme une foie ; tige nulle. Dans les bois à Montmorency, du côté de Sainte-Radegonde. Fleurit *idem.*

Urnes penchées.

—21 ARGENTEUM. Tiges cylindriques, liffes, couvertes de feuilles imbriquées & argentées. Fleurit tout l'hiver.

—22 PULVINATUM. Urnes un peu globuleufes ; pédicules réflechis ; feuilles terminées par un poil. Cette mouffe eft difpofée par touffes qui reffemblent à des couffinets. Sur les toits, chaumieres & murailles. Fleurit tout l'hiver.

—23 SETACEUM. Urnes un peu globuleufes ; pédicules réflechis ; feuilles déliées comme une foie. Sur les berges & foffés des bois. Fleurit en Février & Mars.

—24 CÆSPITICIUM. Feuilles en fer de lance, terminées par une foie ; pédicules très-longs. Dans les bois. Fleurit tout l'hiver.

—25 CARNEUM. Urnes un peu globuleufes ; feuilles aiguës & alternes. Dans les bois. Fleurit *idem.*

Q

424 HYPNUM. Urne chargée d'un opercu-
le ; coiffe liſſe ; pédicules latéraux, dont la baſe
eſt renfermée dans une petite gaîne écailleuſe
& feuillée,

Feuilles diſpoſées en maniere d'ailes.

—1 TAXIFOLIUM. Tige très-ſimple ; feuilles lancéolées ; pédicules ſortant de la baſe des
tiges. Sur les bords des chemins & foſſés des
bois, dans les endroits humides ou ombragés.
Fleurit en Novembre & Décembre.

—2 DENTICULATUM. Tige ſimple ; feuilles
très-rapprochées deux à deux ; pédicules ſortant de la baſe des tiges. Dans preſque tous
les foſſés aquatiques des bois. Fleurit en Mars
& Avril.

—3 BRYOIDES. Tige très-ſimple ; feuilles
lancéolées ; pédicules ſortant du ſommet de la
tige. Dans preſque tous les foſſés aquatiques
des bois. Fleurit tout l'hiver.

—4 ADIANTOIDES. Tiges rameuſes & droites ; pédicules ſortant du milieu des tiges. Commun dans les marais des bois, notament à Meudon. Fleurit en Novembre & Décembre.

—5 COMPLANATUM. Tiges rameuſes; feuilles aiguës, imbriquées, très-ſerrées entr'elles

& comprimées. Dans les bois au pied de arbres. Fleurit en Mars & Avril.

—6 SYLVATICUM. Tiges ailées, rameufes,
garnies de feuilles aiguës, couchées, & portant les pédicules par le milieu. Dans les bois
au pied des arbres. Fleurit en Février.

Rameaux épars.

—7 LUCENS. Tiges rameufes ; feuilles luifantes & ponctuées, remarquables par leur largeur. Dans les marais des bois à Montmorency.
Fleurit en Avril & Mai.

—8 CRISPUM. Tiges rameufes & un peu ailées ; folioles planes, mais dont la furface eft
relevée dans le fens de la largeur par des efpeces d'ondulations ou de rides. Dans les bois
au pied des arbres, notament forêt de Fontainebleau. Fleurit tout l'hiver.

—9 TRIQUETRUM. Rameaux recourbés &
arondis en tête à leur fommet ; feuilles ovales,
ouvertes & réflechies. Dans tous les bois. Fleurit en Novembre & Décembre.

—10 RUTABULUM. Rameaux un peu rampans ;
feuilles imbriquées, ovales, terminées en forme
d'aiguillon. Fleurit tout l'hiver.

Rameaux difpofés en maniere d'ailes.

—11 FILICINUM. Rameaux écartés entr'eux ;

feuilles imbriquées , courbes , aiguës , toutes tournées du même côté. Dans les marais des bois à Meudon & Montmorency. Fleurit en Mars & Avril.

—12 PROLIFERUM. Rameaux aplatis & proliferes ; pédicules fafciculés. Dans prefque tous les bois. Fleurit en Novembre & Décembre.

—13 DELICATULUM. Rameaux aplatis , un peu proliferes & terminés en pointe ; pédicules fafciculés. Dans les forêts au pied des arbres. Fleurit en Octobre & Novembre.

—14 PARIETINUM. Rameaux aplatis , sous-divifés en ramifications continues ; pédicules fafciculés. Dans tous les bois. Fleurit en Janvier & Février.

—15 PRÆLONGUM. Tiges penchées; rameaux écartés entr'eux ; feuilles ovales ; urnes inclinées. Se trouve dans les foffés humides des bois. Fleurit en Novembre & Décembre.

—16 CRISTA CASTRENSIS. Rameaux rapprochés entr'eux , & recourbés par leur extrémité , qui repréfentent à-peu-près un panache de cafque. Dans les bois , fur les pierres & fur les foffés. Fleurit *idem.*

—17 ABIETINUM. Tige un peu cylindrique , terminée par un petit prolongement nu en forme d'épi; rameaux écartés entr'eux. Dans les bois. Je n'ai pas encore vu cette plante en fructification.

Feuilles refléchies.

—18 CUPRESSIFORME. Tiges un peu ailées; feuilles tournées toutes du même côté, terminées en pointe déliée, & imitant par leur difposition un tiffu de natte. Cette mouffe vient dans les bois; elle eft la plus commune de toutes celles de fon genre. Fleurit tout l'hiver.

—19 SCORPIOIDES. Rameaux vagues, couchés, recourbés en crochet à leur extrêmité; feuilles aiguës & tournées du même côté. Dans les bois, fur les pierres & rochers. Fleurit en Janvier & Février.

—20 VITICULOSUM. Tiges rampantes; rameaux épars & cylindriques; feuilles ouvertes, terminées en pointe aiguë. Les rameaux reffemblent à de petites cordes. Commun dans les bois, fur les arbres & fur les vieilles murailles. Fleurit en Octobre & Novembre.

—21 SQUARROSUM. Feuilles lancéolées, pliffées en goutiere, réflechies de cinq côtés différens. Dans les bois. Fleurit en Octobre & Novembre.

—22 PALUSTRE. Tige rampante; rameaux droits & ferrés entr'eux; feuilles ovales, tournées du même côté; anthères un peu droites. Dans les foffés & marais des bois. Fleurit en Décembre.

—23 LOREUM. Tiges rampantes; rameaux

O iij

droits & épars; feuilles tournées du même côté; urnes un peu globuleuses. Se trouve parc de Meudon, dans les marais. Fleurit en Mars & Avril.

Tiges & rameaux imitant de petits Arbres.

—24 DENDROIDES. Tige droite; rameaux fasciculés & terminaux & d'un vert jaunâtre & soyeux; feuilles striées sur leur dos; urnes un peu penchées. Je ne l'ai jamais trouvée qu'au bois de Boulogne, à une portée de fusil de l'Obélisque, en entrant par la porte Maillot. Fleurit en Septembre & Octobre.

—25 ALOPECURUM. Tige droite; rameaux fasciculés & terminaux, & d'un vert sombre; feuilles non striées; urnes un peu penchées. Dans les fossés humides de la forêt de Montmorency. Fleurit tout l'hiver.

Tiges & rameaux peu cylindriques.

—26 PURUM. Tiges éparses, un peu ailées en fer d'alêne; feuilles ovales-obtuses & conniventes, d'un vert foible & luisant. Fleurit en Novembre & Décembre.

—27 FILIFOLIUM. Tiges vagues & très-rameuses; rameaux déliés comme un fil; urnes obliques. Dans les bois au pied des arbres. Fleurit en Décembre.

—28 ILLECEBRUM. Tiges & rameaux épars, un peu redressés à leur extrêmité. Dans les fossés des bois. Fleurit en Octobre & Novembre.

—29 RIPARIUM. Tiges rameuses ; feuilles aiguës , disposées lâchement sur les rameaux. Sur les murailles & les arbres qui sont souvent arrosés d'eau. Fleurit en Mars & Avril.

—30 CUSPIDATUM. Tiges éparses , terminées par une pointe composée de feuilles conniventes. Se trouve dans tous les marais des bois. Fleurit en Février & Mars.

Rameaux rassemblés.

—31 SERICEUM. Tige rampante ; rameaux droits, serrés entr'eux ; feuilles en fer d'alêne ; urnes droites. Les rameaux dessechés jaunissent , se contournent un peu , & prennent un aspect soyeux. Se trouve sur les arbres & sur les murailles. Fleurit tout l'hiver.

—32 VELUTINUM. Tige rampante ; rameaux droits & serrés entr'eux ; urnes un peu penchées. Les rameaux dessechés se conservent d'un beau vert. Sur les arbres. Fleurit en Septembre & Octobre.

—33 SERPENS. Tige rampante ; rameaux déliés comme un fil , & dont les feuilles s'oblitèrent promptement. Dans les bois , sur les pierres & sur les troncs d'arbres. Fleurit tout l'hiver.

—34 SCIUROIDES. Tiges rameuses & droites , excepté à leur base , qui est recourbée. Commun sur les arbres , notament au bois de Boulogne. Fleurit en Décembre & Janvier.

—35 MYOSUROIDES. Tiges très - rameufes ; rameaux amincis de deux côtés oppofés, & terminés en fer d'alêne. Fleurit en Novembre & Décembre.

A L G Æ.

Algues.

425 JUNGERMANIA. Fructification mâle pédiculée, & compofée d'un fachet qui s'ouvre en quatre parties difpofées en croix ; fructification femelle feffile, & formée par des globules arrondis.

Rameaux ailés & inclinés dans le même fens.

—1 ASPLENIOIDES. Pinnules fimples, ovales, légérement ciliées. Sur les hauteurs de Sêve & à Montmorency, dans les endroits ombragés.

—2 VITICULOSA. Pinnules fimples, planes, nues & linéaires. Dans les foffés humides des bois. Fleurit en Mars.

—3 LANCEOLATA. Pinnules fimples, lancéolées, entieres ; pédicules terminaux. Se trouve dans les chemins & foffés des bois ombragés. Fleurit en Mars.

—4 BIDENTATA. Pinnules fimples terminées par deux dents ; pédicules terminaux. Dans fous les bois. Fleurit en Février & Mars.

—5 QUINQUE - DENTATA. Tiges ailées ra-

meufes, portant les pédicules par leur extrêmité ; folioles à cinq dents. A Fontainebleau,
fur les rochers. Fleurit en Mars.

---

*Rameaux ailés, garnis en-deſſus de pinnules
ſecondaires en forme d'oreillettes.*

—6 UNDULATA. Pédicules terminaux ; feuil-
les un peu arondies, très-entieres & ondulées.
Sur les bords des chemins & foſſés des bois.
Fleurit en Février & Mars.

—7 NEMOROSA. Pédicules terminaux ; folioles ciliées. Commune dans les allées & foſ-
fés des bois. Fleurit en Février & Mars.

—8 ALBICANS. Pédicules terminaux ; folioles linéaires & réfléchies. Se trouve dans
les allées & foſſés des bois. Fleurit *idem.*

—9 TRILOBATA. Tige deux fois ailées en-deffous, folioles quarrées ayant trois lobes peu fenfibles. A Fontainebleau, au rocher du Cuvier en
entrant par Chailly. Fleurit *idem.*

Feuilles imbriquées.

—10 COMPLANATA. Tiges rampantes ; feuilles garnies à leur baſe d'une oreillette, &
imbriquées fur deux rangs ; rameaux d'une
largeur uniforme. Commune dans les forêts,
fur les écorces des arbres. Fleurit en Septembre & en Octobre.

O v

—11 DILATATA. Tiges rampantes ; feuilles garnies à leur bafe d'une oreillette, & imbriquées fur deux rangs ; rameaux élargis à leur fommet. (Elle eft plus petite dans toutes fes parties que la précédente). Commune dans les forêts, fur les écorces d'arbres. Fleurit en Octobre & Novembre.

—12 TAMARISCI. Feuilles imbriquées fur deux rangs, & dont les fupérieures font un peu arondies, convexes, & à-peu-près quadruples des inférieures. Cette plante a un afpect noirâtre. Se trouve fur les troncs des arbres & fur les rochers. Fleurit *idem*.

—13 PLATYPHYLLA. Tiges couchées, plus fenfiblement imbriquées en-deffous qu'en deffus ; feuilles en cœur & aiguës. Dans prefque tous les bois au pied des arbres. Fleurit *idem*.

—14 CILIARIS. Tiges rampantes ; feuilles imbriquées fur deux rangs, & garnies à leur bafe d'une oreillette. (Elles reffemblent un peu à celles de l'Abfinthe.) Très-commune à Meudon, dans le marais proche les murs du petit-parc. Je ne l'ai jamais trouvée en fleur.

Tiges nulles ; aucuns rameaux proprement dits.

—15 EPIPHYLLA. Feuilles ayant des lobes obtufes ; pédicules très - longs fortant du mi

lieu des feuilles. Dans prefque tous les ruiffeaux des bois. Fleurit en Mars.

—16 PINGUIS. Feuilles oblongues , finuées
& épaiffes : pédicules fortant du bord des feuilles. Dans prefque tous les foffés humides des
bois. Fleurit en Mars.

—17 MULTIFIDA. Feuilles deux fois ailées ;
pédicules fitués vers la bafe des feuilles. Dans
les bois. Fleurit en Février & Mars.

—18 FURCATA. Feuilles linéaires & ramifiées,
ayant leurs extrêmités obtufes & fourchues.
Dans les forêts fur l'écorce des arbres. Fleurit
en Novembre & Décembre.

—19 PUSILLA. Feuilles un peu ailées , ayant
leurs lobes imbriqués ; pédicules fortant d'une
gaîne pliffée. Dans les endroits humides & non
herbacés des forêts. Fleurit en Mars & Avril.

---

426 TARGIONIA. Calice à deux valves &
renfermant un petit globe.

—1 HYPOPHYLLA. Feuilles planes, oblongues & en cœur. Sur les foffés des bois à Montmorency. Fleurit en Mars.

---

427 MARCHANTIA. Fructification mâle,
compofée d'un calice en plateau , chargé en-
deffous de petites corolles monopétales ; fruc-

tification femelle , compofée d'un calice feffile , campanulé & renfermant plufieurs femences.

—1 POLYMORPHA. *Hépatique des fontaines.* Calice commun divifé en dix parties. Fleurit prefque toute l'année.

Var. — *Marchantia Umbellata.* (Flor. Fr). Divifions du calice peu fenfibles. Fleurit *idem.*

—2 CONICA. Calice commun un peu ovale , partagé inférieurement en cinq loges ; feuilles hériffées de points faillans. Très-commune à Montmorency dans les ruiffeaux , & à Saint-Léger. Fleurit en Septembre & Octobre.

***

428 RICCIA. Calice nul , à moins qu'on ne regarde comme tel une cavité véficulaire , renfermée dans la fubftance de la feuille ; corolle nulle ; fructifications compofées d'une anthère cylindrique, feffile , portée fur un efpece d'ovaire en forme de toupie , & traverfée par un ftyle filiforme ; péricarpe fphérique & couronné par l'anthère defféchée ; femences demi-globuleufes & pédiculées. (Obfervation de Schrebert).

—1 CRYSTALLINA. Feuilles dont la furface eft parfémée de points faillans. Sur les bords des chemins & foffés des bois , aux endroits humides. Fleurit en Mars & Avril.

—2 MINIMA. Feuilles glabres divifées en

deux lobes aigus. Très-commune à Fontainebleau, autour des mares de l'hermitage de
Franchard, & aussi de celles du Calvaire. Fleurit *idem.*

—3 GLAUCA. Feuilles glabres marquées d'un
sillon, & à deux lobes obtus. Sur les bords des
chemins & fossés des bois, aux endroits décou-
verts. Fleurit *idem.*

—4 FLUITANS. Feuilles linéaires, très-étroites & fourchues à leur sommet. Se trouve à
Fontainebleau, dans les mares de l'hermitage
de Franchard & du Calvaire. Fleurit *idem.*

—5 NATANS. Feuilles ciliées & un peu en
cœur. Dans les lacunes de la forêt de Bondy &
de Fontainebleau. Fleurit *idem.*

---

429 ANTHOCEROS. Fructification mâle,
composée d'un calice sessile, cylindrique & entier, d'où sort une anthère en fer d'alêne, très-
allongée & bivalve.

Fructification femelle composée d'un calice à
six divisions, renfermant les semences.

—1 PUNCTATUS. Feuilles entieres sinuées &
ponctuées. Je ne l'ai pas encore trouvé.

—2 LÆVIS. Feuilles entieres, sinuées & lisses. Sur les bords des chemins & fossés des bois.
Fleurit en Septembre & Octobre.

430 LICHEN. Fructification mâle compofée d'un réceptacle plus ou moins arondi, liffe & un peu en plateau.

Fructification femelle compofée d'une pouf-fiere éparfe fur les feuilles.

Expanfions chagrinées & tuberculeufes.

—1 SCRIPTUS. Expanfion blanchâtre, marquée de petites lignes noires, qui fe croifent de maniere à repréfenter des caracteres hébraïques. Commun fur les écorces des arbres.

—2 GEOGRAPHICUS. Expanfion jaunâtre, marquée de lignes noires qui repréfentent les divifions d'une carte géographique. Commun fur les rochers.

—3 ATRO-VIRENS. Expanfion d'une couleur verte, avec un bord noir, & des tubercules pareillemens noirs, épars fur la furface. Sur les rochers. Toute l'année.

—4 BYSSOIDES. Chargé de tubercules farineux; écuffons un peu globuleux & pédiculés. Commun fur les bords des chemins & foffés des bois. Fleurit en Janvier, Février & Mars.

—5 LACTEUS. Expanfion blanche; tubercules demi-globuleux de la couleur du fond. Sur les rochers & écorces des arbres.

—6 PERTUSUS. Expanfion chargée de ver-

rues, un peu difpofées en échiquier, liffes, &
percées d'un ou deux pores cylindriques. Sur
l'écorce des arbres; on le trouve en cupules
toute l'année.

—7 Rugosus. Expanfion blanchâtre, marquée de lignes fimples, & de points noirs
ferrés entr'eux. Commun fur l'écorce des arbres. Les cupules fe confervent toute l'année.

—8 Sanguinarius. Expenfion d'un gri cen-
dré, mêlé de verdâtre, avec des tubercules
noirs. Sur l'écorce des arbres. Toute l'année.

—9 Vernalis. Expanfion blanchâtre, chargée de tubercules légerement globuleux & d'une
couleur ferrugineufe. Sur l'écorce des aibres.
Conferve fes cupules toute l'année.

—10 Calcarius. Expanfion d'un beau blanc,
chargée de tubercules d'un noir foncé. Très-
commun fur les arbres. Toute l'année.

—11 Fagineus. Expanfion blanche, chargée de tubercules de la même couleur, farineux
& légerement excavés. Sur l'écorce des arbres.
Toute l'année.

—12 Carpineus. Expanfion cendrée, chargée de tubercules blanchâtres & ridés. Se
trouve fur plufieurs arbres, & notamment fur
le Charme. Toute l'année.

—13 Corallinus. Expanfion en forme de
croute épaiffe, compofée de cylindres déliés &
rameux, très-ferrés entr'eux, & de niveau par

leur fommet. Commun fur les rochers à Fontainebleau. Toute l'année.

—14 ERICETORUM. Expanfion blanche, pulverulente, avec des tubercules pédiculés, & d'une couleur de chair agréable. Sur les bords des chemins & foffés des bois, aux endroits aérés. Les cupules fe confervent long-temps, & fe renouvellent toute l'année.

Expanfions cruftacées, chagrinées, & portant des cupules en écuffon.

—15 CANDELARIUS. Expanfion jaunâtre avec des cupules de la même couleur. Sur l'écorce des arbres. Toute l'année.

—16 PALLESCENS. Expanfion blanchâtre, avec des cupules d'une couleur pâle. Sur l'écorce des arbres. Toute l'année.

—17 LENTIGERUS. Expanfion en forme de croute blanchâtre & légerement lobée; écuffons femblables à de petites lentilles bordées de blanc, & qui jauniffent par la maturité. Commun à Fontainebleau, fur le côté droit de la montagne en defcendant à Bouron. Se trouve toute l'année.

—18 SUBFUSCUS. Expanfion blanchâtre, avec des cupules noires, qui dans leur jeuneffe font creufes, & en forme de godets. Commun fur l'écorce des arbres. Toute l'année.

—19 MUSCORUM. Expansion blanchâtre, chargée de tubercules d'un noir foncé, & adhérens les uns aux autres. Très-commun dans la forêt de Fontainebleau, au Mail d'Henri IV. Toute l'année.

—20 PARELLUS. Expansion blanche, avec des cupules concaves, obtuses, & d'une couleur pâle. Sur les pierres calcaires d'une certaine dureté & sur les silex. Toute l'année.

Expansions composées de feuilles imbriquées.

—21 CENTRIFUGUS. Composé de feuilles lisses, blanches, grossiérement découpées, & qui vont en s'écartant d'un centre commun; écussons d'un roux obscur. Sur les écorces des arbres & les rochers. Toute l'année.

—22 SAXATILIS. Feuilles sinuées, chargées d'aspérités & crévassées; cupules d'un rouge sombre. Les aspérités des feuilles ressemblent un peu à de la broderie. Commun sur l'écorce des arbres & sur les rochers. Se trouve rarement en cupules.

—23 OMPHALODES. Feuilles divisées en plusieurs lobes, glabres, obtuses, blanchâtres, marquées de points saillans & épars. (Il prend en vieillissant une couleur d'un brun noirâtre.)

Commun fur l'écorce des arbres & fur les rô‑
chers. Toute l'année.

—24 OLIVACEUS. (*Lichen cruſtæ modo ar‑
boribus adnaſcens olivaceus.* Vail.) Feuilles
d'une couleur foncée d'olive, avec des cupules
de la même couleur. Sur l'écorce des arbres.
Conferve fes cupules toute l'année.

—25 ACETABULUM. *Hoffmann.* (*Lichen
pulmonarius, arboreus è cinereo viridis.* Vail.)
Feuilles luifantes, d'une couleur livide ; cupu‑
les orbiculaires, grandes, crénelées en leur
bord, & d'une couleur brunâtre. Commun
fur les écorces d'arbres. Toute l'année.

—26 CRISPUS. Compofé de feuilles lobées ,
tronquées, crénelées, & d'un vert noirâtre ;
écuffons de la même couleur. Se trouve à
Meudon, fur les murailles & les efcaliers du
château. Fleurit en Janvier & Février.

—27 PARIETINUS. Feuilles crépues, d'une
couleur fauve, (quelquefois d'un jaune verdâ‑
tre), avec des cupules de la même couleur.
Sur l'écorce des arbres & les murailles. Toute
l'année.

—28 PHYSODES. Découpures des feuilles
ayant des renflemens qui deviennent fenfibles
lorfqu'on coupe ces feuilles tranfverfalement.
Sur l'écorce des arbres. Toute l'année.

—29 STELLARIS. Feuilles oblongues, laci‑

niées, étroites, & d'une couleur cendrée ; capfules brunes. Sur l'écorce des arbres. Toute
l'année.

—30 CHYYSOPHTHALMUS. Compofé de feuilles un peu imbriquées, étroites, déchirées
& bordées de cils ; écuffons faillans, radiés, &
d'une couleur brune. A Meudon & ailleurs, fur
les troncs & branches des chênes. Toute l'année.

Expanfions fimplement feuillées.

—31 CILIARIS. Expanfion un peu redreffée ;
découpures des feuilles linéaires & bordées de
cils ; cupules pédiculées & crénelées. Sur l'é-
corce des arbres. Toute l'année.

—32 ISLANDICUS. Expanfion laciniée & s'é-
levant de terre ; feuilles dont les bords font
faillans & ciliés. Se trouve dans la forêt entre
Chantilly & Senlis, dans la partie nommée *Vente
des Grès*. Toute l'année.

—33 NIVALIS. Expanfion s'élevant de terre,
laciniée, crepue, glabre, formant des lacunes,
blanche, rélevée en faillie par fes bords. Sur les
murailles à Ville-d'Avrai, & très-commun à
Fontainebleau, à la pointe du Mail d'Henri IV.
Toute l'année.

—34 PULMONARIUS. *Pulmonaire de Chéne.*
Feuilles laciniées, obtufes & glabres, formant

des lacunes en-deffus, & cotoneufes en-deffous. Commun fur les chênes, dans les forêts de Chantilly, Senlis & Fontainebleau. Toute l'année.

—35 FARINACEUS. Expanfion droite, comprimée, rameufe; cupules en forme de verrues farineufes, difpofées fur le bord des feuilles. Sur l'écorce des arbres. Toute l'année.

—36 RUPESTRIS. Expanfion compofée d'une membrane gélatineufe, ayant des lobes obtus; cupules peu fenfibles, éparfes fur la furface des feuilles, & de la couleur du fond. Se trouve à Meudon. Il ne paroît que dans les temps de pluie.

—37 CALICARIS. Expanfion droite, linéaire, rameufe, crévaffée, relevée en dos de goutiere, terminée en pointe faillante; cupules légerement pédiculées, en forme de petits godets. Sur l'écorce des arbres. Toute l'année.

—38 FRAXINEUS. Compofé de lanieres droites, oblongues, en fer de lance, un peu découpées, dénuées de poils, & chargées de petites excavations; écuffons légerement pédiculés. Sur prefque tous les arbres. Toute l'année.

—39 PRUNASTRI. Expanfion un peu redreffée, crévaffée, blanche, cotoneufe en-deffous. Sur les écorces d'arbres. Toute l'année.

—40 JUNIPERINUS. Expanfion laciniée, crépue, d'un jaune fauve, avec des cupules livides. Forêt de Senlis & de Fontainebleau , fur les Genévriers.

—41 CAPERATUS. Expanfion légerement feuillée, d'un jaune verdâtre, ridée, ondulée en fes bords. (Il produit rarement des cupules). Surl 'écorce des arbres. Toute l'année.

—42 GLAUCUS. Expanfion feuillée , aplatie , lobée & dénuée de cils, ayant les bords de fes membranes crépés & farineux. Il eft d'un vert glauque en - deffus , & très - noir en - deffous. Sur les écorces d'arbres. Toute l'année.

—43 TREMELLOIDES. Expanfion d'une couleur plombée , chargée de rides qui la font paroître crépée , liffe , avec des cupules rouges & éparfes. Se trouve fur les arbres morts. Tout l'hiver.

—44 NIGRESCENS. Expanfion gélatineufe , un peu arondie , lobée , ridée , d'un noir verdâtre, portant des cupules rouffes & ferrées entr'elles. Se trouve fur les pierres. Toute l'année.

Expanfions coriacès.

—45 VENOSUS. Expanfion rampante , ovale , plane , ayant fa furface inférieure veinée & hériffée de poils ; cupules horizontales & fituées fur le bord des feuilles. Sur les bords des foffés des bois. Toute l'année.

—46 CANINUS. Expanfion rampante , lobée ,

obtufe, plane, ayant fa furface inférieure réticil-
lée & hériffée de poils ; cupules relevées en forme
d'ongles , & fituées fur le bord des feuilles. Se
trouve toute l'année.

—47 HORISONTALIS. Expanfion rampante ,
plane , fans veines par-deffous ; cupules horifontales fituées fur le bord des feuilles. Dans
les bois.

—48 PERLATUS. Coriace , rampant & dénué de cils ; fes membranes font noires en-deffous ; les écuffons font pédiculés & entiers.
Dans les bois , fur les rochers , notamment à
Montmorency , paffé Sainte-Radegonde.

—49 SACCATUS. Coriace , rampant , & d'une
figure un peu circulaire. Les écuffons forment
des enfoncemens femblables à de petites po-
ches ; leur couleur eft brune. A Creil , fur la
montagne d'Or. Toute l'année.

---

*Cupules en dos de bouclier ; expanfions comme
enfumées.*

—50 PUSTULALUS. Expanfion crévaffée en
deffous , & couverte en-deffus de renflemens
femblables à des puftules. Il couvre prefque
tous les rochers de Fontainebleau. Toute l'année.

—51 DEUSTUS. Expanfion liffe fur fes deux

faces. Se trouve avec le précédent. Toute l'année.

Cupules en forme d'entonnoir ou de gobelet.

—52 COCCIFERUS. Expansion simple , très-
entiere , ayant ses pédicules cylindriques , &
ses cupules d'un rouge foncé. Commun à Montmorency dans les landes. Se trouve toute l'année.

—53 PYXIDATUS. Cupules entieres en leur
bords & sans tubercules. Se trouve toute
l'année.

Var. A. Cupule principale , portant sur son
bord d'autres petites cupules presque cylindriques , rougeâtres en leur bord & sans tubercules.

Var. B. Cupule principale , portant sur son
bord d'autres petites cupules bordées de tubercules d'un brun noirâtre.

Var. C. Cupules qui naissent successivement
les unes du sommet des autres.

—54 FIMBRIATUS. Cupules crénelées en leur
bord. (Il paroît n'être qu'une variété du précédent). Dans les bois. Toute l'année.

—55 CORNUTUS. Légerement rameux , un peu
renflé avec des cupules entieres. Se trouve
toute l'année.

—56 DEFORMIS. Légerement rameux , un peu

renfié avec des cupules dentées. Dans les bois.
Toute l'année.

––––––

Expanfions en arbriffeaux.

—57 RANGIFERINUS. *Lichen des Rennes.*
Très-rameux, creux, ayant fes rameaux penchés. Dans tous les bois & toute l'année.

Var. *Alpeftris.* Tige redreffée, cylindrique,
très-rameufe.

—58 UNCIALIS. Creux, ayant fes rameaux
aigus & très-courts. Commun à Montmorency
dans les landes. Toute l'année.

—59 SUBULATUS. Un peu fourchu, ayant
fes rameaux fimples & en fer d'alêne. A Montmorency dans les landes. Toute l'année.

—60 GLOBIFERUS. Plein & liffe : tubercules
creux, femblables à de petits globes, & difpofés au fommet des rameaux. Commun à
Fontainebleau , rocher du Cuvier. Toute
l'année.

— 61 PASCHALIS. Plein & garni de folioles
cruftacées , recouvertes d'un enduit farineux.
Toute l'année.

––––––

Expanfions filamenteufes.

—62 BARBATUS. Filamenteux, pendant, &
un peu articulé ; rameaux étalés. Dans les forêts

rêts de Senlis & de Compiegne, fur les hêtres. Toute l'année.

—63 HIRTUS. Tige droite & très-rameufe, parfemée de tubereules farineux. Sur l'écorce des arbres, forêt de Fontainebleau. Toute l'année.

—64 ARTICULATUS. Filamenteux & articulé; rameaux très-déliés & ponctués. Dans les forêts de Senlis, de Compiegne & de Fontaine-bleau. Toute l'année.

—65 FLORIDUS. Tige droite & très-rameufe; cupules radiées. A Fontainebleau. Sur l'écorce des arbres. Toute l'année.

Quoique j'indique une grande partie des LI-CHENS, comme étant en fructification toute l'année, le temps le plus favorable pour les re-cueillir, eſt, ou en hiver, ou après les pluies.

43 1 ULVA. Fructifications renfermées dans une membrane tranfparente.

—1 INTESTINALIS. *Boyau de Chat.* Expanfion fimple & femblable à un boyau. Se trouve tout l'été dans les foſſés de la prairie de Gentilly.

—2 CONFERVOIDES. *Petit boyau de Chat.* Expanfion femblable à des fils, & garnie d'ar-ticulations alternativement comprimées. Dans les foſſés de la prairie de Gentilly.

P

432 CONFERVA. Fructifications compofées de tubercules inégaux, attachés par de longs filamens capillaires.

—1 RIVULARIS. Filamens fimples , très-longs , fans tubercules fenfibles. Se trouve pref-que toute l'année fur les eaux croupiffantes.

—2 FONTINALIS. Compofé de filaméns très-fimples , unis , longs d'un pouce à-peu-près , & réunis autour d'un centre. Leur affemblage eft d'un vert noirâtre fur les bords, & d'une couleur jaune au milieu. Dans les ruiffeaux & foffés. Se trouve une partie de l'année.

—3 BULLOSA. Compofé de filamens égaux, rameux , & qui renferment des bulles. Dans les ruiffeaux & foffés. Se trouve une partie de l'année.

—4 RETICULATA. Filamens difpofés en ré-feau. Très-commun dans les foffés de la prairie de Gentilly. En été & en automne.

—5 FLUVIATILIS. Filamens fimples ; droits , femblables à des foies , ayant des articulations anguleufes , renflées , & femblables à des bo-bines. Dans les eaux. Prefque toute l'année.

—6 GELATINOSA. Filamens rameux , garnis de globules qui femblent enfilés , ce qui leur donne l'afpect de petits colliers ou de chape-lets. Se trouve dans les foffés aquatiques. Tout l'automne.

—7 CAPILLARIS. Compofé de filamens fimples, coudés, & dont les articulations font alternativement comprimées. Dans les étangs & foffés. Se trouve une partie de l'année.

—8 GLOMERATA. Filamens coudés, très-rameux, dont les dernières ramifications font courtes, & comme ramaffées par paquets. Se trouve dans les foffés aquatiques, prefque tout l'hiver.

———

433 BYSSUS. Plantes compofées d'une efpece de duvet, ou d'un fimple tiffu poudreux.

———

Duvet filamenteux.

—1 FLOS AQUÆ. Filamens plumeux & flottant fur l'eau.

—2 PHOSPHOREA. Tige femblable à de la laine, d'une couleur violete, & qui fe trouve fur le bois pourri.

C'eft le *Byffus Cæruleus* de M. de la Marck.

—3 VELUTINA. Filamens verdâtres & rameux, naiffant fur les pierres ou fur la terre. Se trouve tout l'hiver.

—4 AUREA. Filamens ramaffés en efpece de couffinet poudreux, & d'un jaune rouffâtre ou verdâtre. Sur les pierres & fur les murailles, Tout l'hiver.

—5 CRYPTARUM. Tiſſu ſemblable à de l'a-madoue , naiſſant ſur les tonneaux qui ſont dans les caves , notamment ſur ceux où il y a de bon vin.

—6 FULVA. (Flor. Scot.) Filamens d'un jaune fauve. On le trouve quelquefois ſous les mouſſes , & ſouvent ſous les pierres. Toute l'année.

Tiſſu poudreux.

—7 ANTIQUITATIS. Pulvérulent & d'un noir foncé. Se trouve ſur les vieilles mu-railles.

—8 SAXATILIS. Pulverulent , d'une couleur cendrée , & répandu ſur la ſurface des rochers.

—9 JOLITHUS. Poudre d'une couleur de ſang , naiſſant ſur les pierres. Au bas des mu-railles privées du ſoleil. Tout l'hiver.

—10 CANDELARIS. Poudre jaune , naiſſant ſur les bois , notamment ſur les écorces d'ar-bres. Toute l'année.

—11 BOTRYOIDES. Poudre verte, quelque-fois un peu filamenteuſe. Très-commun ſur les troncs d'arbres. Tout l'hiver.

—12 INCANA. Pulverulent blanchâtre , & répandu comme de la farine ſur les terres gra-

veleufes ; au bord des petits foffés & le long
des chemins publics.

—13 Lactea. Poudre très-blanche, naiffant
fur la terre ou fur les mouffes, & auffi fur les
arbres & bois coupés. Tout l'hiver.

TABLE

DES NOMS DE GENRE,

Avec l'indication des *Classes* & des *Ordres*
de LINNÆUS.

TABLE

DES NOMS FRANÇOIS.

ADDITIONS ET CORRECTIONS.

Pages 5, *ligne* 16 & *lig.* 20, *effacez* variété.

— 24, *lig.* 6, *au lieu de* dans les prairies de Chantilly & ailleurs, *lisez* par-tout.

— *lig.* 11, *Epauje*, lisez *Epeautre.*

— 34, *lig.* 22, Gache, *lif.* Garches, près Saint-Cloud.

— 46, *lig.* 6, la Maison Blanche, *lif.* Maison-Blanche près Rambouillet.

— 48, *lig.* 18, fermées, *lif.* fermes.

— 66, *lig.* 3, rhomboïdales, *lif.* rhomboïdales.

— 71, *lig.* 3, fur les bords du *lif.* près le.

— 87, *au-deſſus de* STATICE, *ajoutez* PENTAGYNIE. Cinq ftyles.

— 97, *lig.* 3, *ajout.* Fleurs blanches, & *lig.* 8, *lif.* bleues *au lieu de* blanches.

— 104, *lig.* 21, *au lieu des deux lignes qui font après* Montmorency, *lif.* un peu avant d'arriver au village de la Barre, & dans la plaine des Genévriers, forêt de Senart.

— 113, *au-deſſus de* PARIS, *ajout.* TÉTRAGYNIE. Quatre ftyles.

— 120, *lig.* 17, ponctuées, *lif.* marquées; & *lig.* 21 *après* épi *ajoutez une virgule.*

— 126, *lig.* 1, des bois, *lif.* des blés.

— 128, *lig.* 8, *au lieu de* dans les moiſſons, *lif.* à Fontainebleau & à Saint-Léger, fur les rochers. Fleurit en Mars.

— 150, *au-deſſus* d'ANEMONE, *ajoutez* POLYGYNIE. plufieurs ftyles.

— 261, *lig* 9, Bouvillon, *lif.* Bourillon.

— 264, *au-deſſus de* LEMNA, *ajout.* DIANDRIE. Deux étamines.

— 265, *lig.* 19, *effacez* fleurs d'un blanc fale.

N. B. Les lieux indiqués dans cet Ouvrage, font défignés avec beaucoup d'exactitude fur la Carte & fur l'Atlas topographique des environs de Paris, qui fe trouvent chez M. LATTRÉ, *Graveur ordinaire du Roi, rue Saint-Jacques*, N.° 20.

VEUVE DESAINT, IMPRIMEUR, RUE DE LA HARPE, N.º 133.